建筑电气弱电系统设计指导与实例（第二版）

白永生 编著

中国建筑工业出版社

图书在版编目（CIP）数据

建筑电气弱电系统设计指导与实例/白永生编著. —2版. —北京：中国建筑工业出版社，2018.12（2025.1重印）
ISBN 978-7-112-22891-1

Ⅰ.①建… Ⅱ.①白… Ⅲ.①房屋建筑设备-电气设备-建筑设计 Ⅳ.①TU85

中国版本图书馆CIP数据核字（2018）第249659号

建筑电气弱电系统设计指导与实例
（第二版）
白永生　编著

*

中国建筑工业出版社出版、发行（北京海淀三里河路9号）
各地新华书店、建筑书店经销
霸州市顺浩图文科技发展有限公司制版
北京凌奇印刷有限责任公司印刷

*

开本：787×960毫米　1/16　印张：12　字数：233千字
2019年1月第二版　2025年1月第八次印刷
定价：45.00元
ISBN 978-7-112-22891-1
（37529）

版权所有　翻印必究
如有印装质量问题，可寄本社退换
（邮政编码100037）

本书内容共 13 章，包括常见安防监控系统、常见电气二次控制原理图、常见楼宇自控原理图、常见综合布线系统、常见消防报警系统、常见灯光控制系统、常见有线电视及无线对讲系统、常见信息发布、无线网络及会议系统、常见酒店客房系统 RCU、地下车库常见弱电系统、常见公共广播系统、常见能源管理系统、常见场所弱电系统设计思路。本书力求找到一种表达方法，既接近深化设计的方向和内容，也不超过施工图设计的深度要求，且可以更好的指导预算、概算及施工的预留，弥补目前深化设计阶段和施工图设计阶段间的真空区域及脱节的趋势。

本书针对如何完成弱电系统一次设计进行了重点介绍，用通俗的表达方式，将比较难于理解的原理进行阐述，更易让设计师理解，通过尽量简练的文字介绍，让设计师用最短的时间对系统构架有基本的了解和认识，并且通过典型案例可以给设计师实际绘图时提供更具体的指导和借鉴。本书适合于弱电设计人员参考使用。

责任编辑：刘　江　张　磊
责任校对：张　颖

第二版前言

时过境迁：这是我写作的第一部作品，是专业的书籍，来自草根，也是菜鸟，一转眼已然四年过去，这期间本书从寥寥无闻，到慢慢被人了解，再到多次印刷，结果十分让我惊讶，但谈不及开心，因为专业路尚长，而设计急功近利并未好转，需要我辈做的事情很多，可惜已经不再年轻，唯求且行且记录，尽量发光留热，结果顺其自然。

诚挚感谢：梦想开始的地方总有人指引，十分感谢遇到建工社的刘江副总编，她能够接纳这部简短的书稿，回想，仍旧不可思议，让我相信努力终究还是会被人认可，对我，也是对年轻人拼搏的一种肯定，让我坚定在文字的道路上走下去，有了开始，才有了后来，《建筑电气强电系统设计指导与实例》《人生百天》《民用建筑电气审图要点解析》《消失的民居记忆》《凡人的建筑美学》几部书籍陆续面世，虽然也不易，但起步永远最难。几年后问她：怎么会录用一个菜鸟的作品，她和我说：只是因为从作品中看得出确无浮言，确是来自设计一线，虽然文笔稚嫩，专业也不算精，但能有一颗付出的心，也算赤忱，可见已然倾其所以，故值得鼓励，今日仍让我感动不已，不敢懈怠。当然也需要感谢这个建造业兴旺发达的时代，若不是，其实一样很难，有读者才有作者，唯要谨言慎行，珍惜每一位读者。

编写前的征询：一本技术书籍的完成，作者的写作固然重要，需要有实用性，需要有适用群体，还需要适当超前，但是一本技术书能够存有第二版，要求必然更高，需要了解读者的要求，为之不断改进，故征询读者是写作之前的必要手段。有读者说为什么不能附一些完整的案例图纸，其实类似的书籍很多，觉得没有必要雷同，因本书希望是举一反三，展示一个典型的切面，告诉读者如何思考，才是重点，故本次仍不做增设。另外有些读者希望增加弱电设计做法的规范出处，本书则进行了增设，虽不是面面俱到，但涵盖了外审中最常见的几点问题，认为还是有必要的，从征询者的思路来看，或是方便厂家与甲方进行沟通，而站在我的角度则是顺便弥补一下本书中经验含量太多，规范层次偏弱的缺陷，希望顺带把这个作用予以发挥，能有更多群体可看、有用。还有读者希望能够对于弱电设计的实用部分予以介绍，如机柜的布置尺寸等，本书也进一步进行了介绍，专门列出机柜的典型尺寸和布置图例，虽技术含量并不大，但出于设计的角度而言，初学者确实知之甚少，有用来自于解决渴望。

基础不动：本书最鲜明的特点就是简单，力求让所有的初学者能够看懂，篇幅一定要短，看书的时间本来就少，要尽量做到：疗程短，见效快，这种初衷，也延续于第二版的修订中，仍维持原有的风格，因大变动，不代表就一定好，有用的还是要保留，哪怕陈旧，也是知识的前世今生，应该了解，而新增的部分，则尽量简短，是重点补缺，前提同样是有用，新入行设计师需要的就增加，想了解的就增加，有连贯的就增加，不常用的或不成体系的知识，则不增加，望这种改变是对一种好产品的修缮，而非大破大立，那不如推倒重来。

查漏补缺：曾经希望写出一本能够帮助电气新人的书籍，这本书结果还好，也算略有帮助，因销量和口碑可证，但由于当时的文字经验不足，写作的专业知识有限，故虽有面，但还是不够全面。时点也并不好，写作时建规和火规两本规范，新版尚未发行，所以内容是旧规范的思路，而要出版时上述规范先后发行，作为最重要的消防规范，收尾时仓促的修改，可以想象怎样的缺陷，多次弥补之后仍有欠缺，故在本次的改版中，对于之前消防未能详述的部分：如消防电源监控、电气火灾监控、防火门监控、预作用灭火等几个系统，均重点进行了介绍，也算全面覆盖。另外一个重点则是对于楼宇自控系统的补全，一方面是消防接口方面，如对于双速风机接口的关联；另外一方面是对机房楼控的介绍，如机房的环境监测、电力系统监测、柴油发电机系统的监测等；再一方面则是对于目前大热的数据机房的楼控系统进行了概括，如冷液系统的监控系统等。

系统和热点的变迁：几年间，灯控系统由新技术已经变为了常态化的技术，并且向两个方面发展，其一的欧洲总线加灯控模块较为常见，本次修改也不做太多调整，但其间，DALI系统的进化相对较快，所以针对其变化，做了新设计思路的介绍。另外车辆识别系统的普及，人工岗亭的消失，微信、支付宝在结算终端的大量使用，使车辆出入口管理系统也有变化，故本书略有增加，因功能越来越简单，但内容其实越来越复杂，所以还是不展开来讲或更合理，够用就是。热点问题的介绍：除了之前所述的数据机房自控，对于较热的绿色建筑评价的车库一氧化碳监测，适老性建筑中的审查要点：电梯五方对讲等，进行了简述，这部分只列常见系统，也没有太过于展开，仍然担心过犹不及。

画蛇添足的部分：增加了不同建筑弱电系统的介绍，这种介绍思路与本书之前的板块设置是有冲突的，因为之前是按系统所述，并不是按建筑类别分块，再三纠结之下，还是加入，因为有些系统太过于特别和专业，成章则又相对单一，也薄弱，决定不想那么多，即便是败笔，也还是把心中认为的空缺，尽量去做弥补，如医院、体育场馆、学校、老年人照护中心及弱电机房的接地等。横纵两条线进行表达，有相交，有不同，只是希望以点带面，而把面尽量覆盖完整，至于效果其实自己也在打鼓，静待拍砖。

结了：作为一本用激进力量完成的一部作品，从诞生那一天就有着不能解决的缺陷，有来自于能力的不足，更多则是来自于精力的不足，本书尽量诠释了要表达给读者的用心和思路，那就是解决问题和缩短路径，这几年中这些目标已是实现，略有欣慰，心血之作，不能再做强求，唯自己也跨过了 40 岁，精力不如以前，不能策马扬鞭，或是经历太多，或是有心无力，但仍然不想写一本书只为销量，而去误人子弟，除了我自己的斟酌，也希望读者能够理解失误之处，多看长处，哪怕于书中得到一点可取之处，也不枉我的一番努力，而非纠结牛角之内，电气为实验科学，读书并不建议挑剔其不足，而是吸纳其自我不解，面对信息的大潮，面对地产的退潮，经验或比规范还要重要，所以读书的方法在于吸纳，不光专业也是人生，这是作为作者给读者的一点建议。最后感谢大家多年的支持和宽容，让我欣赏了自我之美，也体验了助人之乐。

2018 年 10 月 12 日

第一版前言

当前建筑的弱电系统发展极为迅速，由早期的一般民用建筑仅设置电话和有线电视系统，逐步发展到安防、消防、综合布线、无线、楼宇自控等众多弱电系统及其分支，随着技术的不断创新，原有的设计思路不断被新技术所淘汰，设计院的弱电设计能力正在逐渐削弱，多数建筑的弱电系统都需要深化单位进行二次设计，面对这种现状，设计院已经不可能再像十几年前，独立完成由方案到最终深化的全部弱电设计内容，所以设计院施工图一次设计的前瞻性和合理性将越加重要，一次设计的质量将更多在深化设计的方向和工程的整体造价等方面产生影响，所以如何依据施工图设计深度的要求完成一次设计，如何更合理地表述设计方案和要求，如何让设计的标准达到目前的技术现状，如何让一次设计更好地与深化设计无缝连接，都将是设计院弱电设计亟待解决的课题。

作者希望写出一本可以成为设计院与深化设计单位纽带的工具书，力求通过本书，找到一种表达方法，既接近深化设计的方向和内容，也不超过施工图设计的深度要求，且可以更好地指导预算、概算及施工的预留，弥补目前深化设计阶段和施工图设计阶段间的真空区域及脱节的趋势。希望本书可以使读者摆脱阅读大量的系统介绍和技术参数，因为这些介绍和参数对于指导具体如何完成图纸的绘制实际意义并不大，且在相关书籍中已有大量介绍。本书也不对深层的原理和技术进行探讨和介绍，因为深层技术要求会在深化设计时有更专业的解释，一次设计也没有必要画蛇添足，本书更愿意成为一本实用的工具书，图文并茂地指导设计师完成设计即可。

目前弱电系统的种类纷杂，本书重点介绍了设计中常见的几个弱电系统，由于个人能力所限，不能够对所有弱电系统进行面面俱到的介绍，其实这也是不可能做到的，弱电的发展特点就是快，淘汰的也快，面对这样的现实，设计院的设计师如仅靠不断地学习新知识，依然会是被动的也难于追上技术的发展，本书希望可以换一种视角来介绍各种不同的弱电系统间的内在关系，细心的设计师会发现弱电的发展虽然迅速，但是基本原理的更替却并不快，如原来有线电视的放大分配原理其实在无线对讲、无线信号、视频监控、门禁系统中均有类似应用，又如电话系统的交换机工作模式在综合布线、灯控、楼控系统中也同样是类似的应用，掌握不同弱电系统的核心原理做到举一反三，将相同的原理应用到不同的系统中，才是分解日渐繁杂的弱电系统之根本办法，也是本书希望能够达到的效果。

  本书针对如何完成弱电系统一次设计进行了重点介绍，用通俗的表达方式，将比较难于理解的原理进行阐述，更易让设计师理解，通过尽量简练的文字介绍，让设计师用最短的时间对系统构架有基本的了解和认识，而通过每个系统的附图介绍，则加强这种了解和认识，并且通过典型案例可以给设计师实际绘图时提供更具体的指导和借鉴，本书中的附图为作者多年设计亲历的设计案例和经验，并结合了深化设计表述方面的优点，希望能够给读者尽量大的帮助，望这种简文附图的表达特点使本书有更直接的借鉴性，对电气设计师和大中专院校学生的思路能有一个拓展作用即可。

目 录

第一章 常见安防监控系统·· 1
  一、安防监控系统概述··· 1
  二、周界入侵检测系统··· 1
  三、视频安防系统·· 3
  四、巡更系统··· 8
  五、无障碍求助呼叫系统·· 9
  六、速通门系统·· 10

第二章 常见电气二次控制原理图··· 12
  一、电气二次控制原理图概述··· 12
  二、几种常规简单逻辑控制原理··· 13

第三章 常见楼宇自控原理图··· 26
  一、楼宇自控原理图概述··· 26
  二、楼宇自控电气专业设计深度··· 26
  三、监控系统方框图的绘制··· 26
  四、监控点位表的绘制·· 28
  五、控制原理图设计思路·· 28

第四章 常见综合布线系统··· 48
  一、综合布线系统概述··· 48
  二、综合布线系统设计深度·· 48
  三、综合布线系统常用设备·· 49
  四、综合布线系统的网络构架··· 49
  五、常见综合布线系统设计思路·· 50
  六、综合布线设备间的要求·· 52
  七、综合布线系统数据、语音点位估算·· 58
  八、综合布线的布线系统·· 58
  九、综合布线设备布置··· 59

第五章 常见消防报警系统··· 60
  一、消防报警系统概述··· 60
  二、火灾探测器·· 61

三、其他消防设备、机房及注意事项 ………………………… 63
　　四、气体灭火系统 ……………………………………………… 64
　　五、大空间智能型主动喷水灭火系统 ………………………… 67
　　六、空气采样系统 ……………………………………………… 68
　　七、消防电源监控 ……………………………………………… 68
　　八、电气火灾监控系统 ………………………………………… 73
　　九、防火门监控系统 …………………………………………… 75
　　十、预作用灭火系统 …………………………………………… 77
第六章　常见灯光控制系统 ………………………………………… 79
　　一、灯光控制系统概述 ………………………………………… 79
　　二、灯光控制系统常用控制方式 ……………………………… 79
　　三、设计中常用总线的主要分类 ……………………………… 79
　　四、灯控系统设计要求 ………………………………………… 86
第七章　常见有线电视及无线对讲系统 …………………………… 97
　　一、有线电视及无线对讲系统概述 …………………………… 97
　　二、有线电视系统 ……………………………………………… 97
　　三、无线对讲系统 ……………………………………………… 103
第八章　常见信息发布、无线网络及会议系统 …………………… 107
　　一、信息发布、无线网络及会议系统概述 …………………… 107
　　二、无线网络 WLAN 系统 …………………………………… 107
　　三、信息发布系统 ……………………………………………… 110
　　四、会议系统 …………………………………………………… 111
第九章　常见酒店客房系统 RCU ………………………………… 117
　　一、酒店客房系统 RCU 概述 ………………………………… 117
　　二、RCU 系统的网络形式 …………………………………… 117
　　三、RCU 系统控制 …………………………………………… 119
　　四、RCU 系统客房平面绘制注意事项 ……………………… 125
第十章　地下车库常见弱电系统 …………………………………… 132
　　一、车库常见弱电系统概述 …………………………………… 132
　　二、停车场管理系统 …………………………………………… 132
　　三、车位引导系统 ……………………………………………… 135
　　四、门禁系统 …………………………………………………… 138
　　五、五方对讲系统 ……………………………………………… 145
　　六、车库 CO 探测器 …………………………………………… 145
第十一章　常见公共广播系统 ……………………………………… 148

  一、公共广播系统概述……………………………………………148
  二、公共广播系统组成……………………………………………148
  三、公共广播设置场所……………………………………………150
  四、公共广播的功能………………………………………………150
  五、公共广播系统设计思路………………………………………151
  六、公共广播系统安装……………………………………………154
  七、公共广播系统电源……………………………………………155
 第十二章 常见能源管理系统…………………………………………156
  一、能源管理系统概述……………………………………………156
  二、能源管理系统组成及设置位置………………………………157
  三、能源管理系统设计思路………………………………………157
 第十三章 常见场所弱电系统设计思路…………………………………163
  一、医院专用弱电系统……………………………………………163
  二、学校弱电系统…………………………………………………170
  三、体育建筑常见弱电系统………………………………………172
  四、老年人照护中心呼叫系统……………………………………175
  五、弱电机房接地…………………………………………………177
参考文献…………………………………………………………………………179

第一章 常见安防监控系统

一、安防监控系统概述

1. 安防监控概念

安全防范从人防（人力防范）、技防（技术防范）、物防（实体防范）三个角度进行保安设防，其中技术防范是指包含视频监控、出入口管理系统、无线巡更、周界入侵检测系统等系统相结合的全方位、立体式的防范系统，也称安防系统，并利用计算机、通信网络、自控测控及一卡通等技术，为项目提供先进的防范手段，以达到维护业主人身及财产安全，防范非法入侵、防盗、防破坏的目的。

2. 安防监控配置要求

（1）高风险对象建筑的防护级别：一级防护为最高安全防护，二级防护为高安全防护，三级防护为一般安全防护。通用型公共建筑的安全标准：基本型、提高型、先进型三个类型。

（2）对于重要的建筑物和场所推荐采取三种以上不同原理的技防设备，三者之间相互补充不足，以达到全面的预防及控制，避免盲点的存在，本章将对常见电气安防设计中的入侵探测器、视频监控、电子巡更、无障碍呼叫、速通门系统进行原理和设计思路方面的介绍（注：门禁系统鉴于与地库弱电系统的关联在第十章介绍），不同建筑侧重不同的技防手段，设计时需按工程自身情况将不同安防系统组合配置，以达到最佳的防范效果和最优投资性价比，并适当考虑未来发展的设备兼容性及系统升级的可能。

（3）规范出处：《入侵报警系统工程设计规范》GB 50394—2007 中 5.1.5："禁区应设置不同探测原理的探测器，应设置紧急报警装置和声音复核装置"。

二、周界入侵检测系统

周界入侵检测系统是通过在封闭式管理区域安装探测器设备，将探测到的非法入侵信号传达到安防控制中心，通过系统主机联动相关的报警设备，实现对非法入侵者实时报警与记录的系统。一般分为室内使用的双鉴探测器及室外使用的主动红外探测。

1. 双鉴探测器

（1）为微波探测和被动红外两种功能的叠加的入侵检测探测器，微波探测是探测器自身持续发射微波并接收反射回的微波信号，检测信号收发的变化予以确认；被动红外探测器本身不发射红外信号而是探测人体或物体的红外波进行识别。探测范围一般为12m×12m左右，或为半径12m左右的扇形，准确监控范围可参见所选用产品的要求。

（2）设置的位置一般面对入口方向，平面位置要避免强光、不宜被气流直吹及温差较大的地方等。由于木材会吸收微波，降低探测器的灵敏度，所以在有木质家具或床的地方，灵敏度偏低；而在在有金属办公家具或墙体的地方，由于穿不透金属，灵敏度会偏高，容易发生误报，绘制平面图时建议考虑这些因素进行布点。

（3）当有人翻越窗户或破门进入时，即触发装在门对侧或上方的双鉴探测器，一般探测器会装发射三组以上的微波，只有当三组微波均被触碰，探测器才会报警。

2. 主动红外探测器

（1）一般使用在室外周界的防护，监测点由发射和接收设备构成，发射端主动发射红外波，在接收端接收信号确认。

（2）主动红外尽量避开阻挡物，避免强光如阳光的直射等。

（3）应用的场合：周界报警系统就是利用主动红外探测器将小区的周界控制起来，并连接到管理中心的计算机，当外来入侵者翻越围墙、栅栏时，探测器会立即将报警信号发送到管理中心，同时启动联动装置和设备，对入侵者进行阻挡，并可联动监控摄像进行录像，最远对射距离不宜超过250m。

3. 系统设计

上述两种探测器系统设计均按防区设置报警模块，选用便于增容的总线制报警系统，工程施工及安装较为便利，通过各个监测点的IP地址显示报警防区及准确位置，信号均在一条总线上传送，宜采用RVV-2×0.8mm²以上线径的信号线，如考虑传输信号的安全需要屏蔽时，可采用RVVP屏蔽线，在每个防区的探测器通过485总线的连接安防模块，模块通过系统总线将信号传送到信号中继器（1000m以内不需要），再通过中继器将报警信号上传至安防主机，同时分层或多层设置电源模块，由弱电机房统一提供AC220V供电，经过变压器后转换为24V或12V低压，为入侵探测器供电。如图1-1所示。

4. 安装方式

支柱式安装、吸顶式安装、墙壁式安装等，探测器建议安装高度为2.3~2.4m左右，该高度探测器的探测范围最大。此外设计时需注意室外安装的入侵探测器会受到雨水灰尘的侵入，所以宜注明IP65的防护等级。

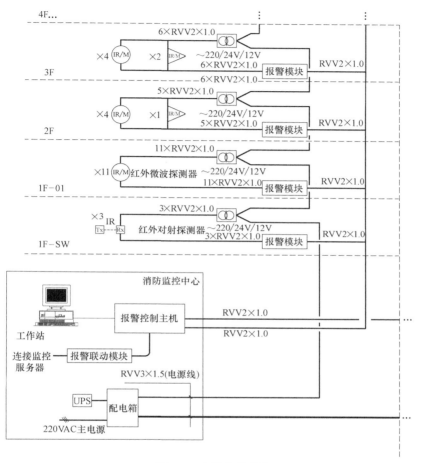

图 1-1 入侵监控系统

三、视频安防系统

基于计算机网络和视频录像技术的快速发展所诞生的一种高效的安全防范系统，在重要场所、隐蔽场所、人员密集场所设置视频监控摄像机，结合建筑物地理位置信息，在视频监控中心的大屏幕和电脑上显示，实现对建筑物内全方位、全时段的可视化监控管理，从而对突发事件作出准确判断并及时响应，对监控场所的音、视频资料进行录像保存备查，为安防系统中重要组成部分。

1. 前端设备

（1）摄像机的类别

1) 按形状分：枪机、半球、快球、云台等。

2) 按感光芯片分：CCD 摄像机、CMOS 摄像机模拟摄像头。
3) 按输出接口划分：模拟信号接口、网络数字高清、SDI 光纤高清等。
4) 按灵敏度划分：普通、红外。
5) 按焦距方式划分：定焦、变焦。

(2) 摄像机的各种区别

1) CCD 摄像头与 CMOS 摄像机的主要区别：CCD 仅能输出模拟信号，CMOS 可以输出数字信号，CMOS 信噪比一般可以做到大于 50dB，受外界干扰影响较小，CMOS 相对 CCD 摄像头较为省电 2/3 左右。

2) 半球型摄像头和枪型摄像机的主要区别：两者其实都是固定式摄像机。枪式摄像机无保护罩，枪式摄像机的变焦范围比较大，适合于地下车库车道、公共走道灯等长距离监视场所，一般监视距离不超 60m，20～30m 为宜；半球型摄像机适合于电梯前室、电梯轿厢等需要注意美观的监视场所，一般监视距离不超过 10m。

3) 红外摄像一体机和普通摄像机的主要区别：红外摄像一体机设置阵列灯或 LED 灯，最低照度可以达到 0.001lx，适合夜晚或光线极差时使用。

(3) 摄像机电源

1) 目前最常见 CMOS、CCD 摄像机一般采用 DC12V 直流电源（老式云台摄像机的电源为 AC24V），由开关电源供给，井道配电箱或插座提供 AC220V 电源给开关电源，如果供电距离短可以在直接机房内设置集中式 UPS 电源配出 AC220V 支路直接供给各开关电源。考虑低压供电的距离尽量短，开关电源设置的位置一般就近于摄像机附近的吊顶或电气竖井。

2) CMOS 摄像机采用 POE 网线自馈式供电方式，利用网线中闲置的一对双绞线供电，省去需单独敷设的电源线，设计前提是需按 IEEE802.3af 标准进行设计，且供电设备负荷较小，一般不建议超过 13W 即可。

3) CMOS 摄像机采用光纤或同轴配线方式：需增设转接的光纤或同轴电缆收发器，供电方式为 POE，发出器前端配入网线，中间段为光纤或同轴电缆，接收器后端是网线至摄像机，POE 发出器设于前端需单独外接电源，通过发出器后端的网线、光纤或同轴电缆自馈电对摄像机进行供电。三种方式如图 1-2 所示。

2. 视频监控设计概况

(1) 视频监控的分类及比较

1) 视频监控分为：模拟视频监控系统 CCTV、数字视频监控系统 DVR、网络视频监控系统 NVR。

2) 视频监控系统图主要从前端、传输、存储、显示、系统的管理与控制等几个功能进行设计。

开关电源供电型示意图

网线自馈电型示意图

光纤或同轴电缆自馈电型示意图

图 1-2 常见摄像机供电及配线方式

3）目前常用视频监控系统的比较，由于 CCTV 系统已经基本淘汰，本书主要针对 DVR 和 NVR 系统比较，其中 DVR 系统优点是：①造价便宜；②由于采用模拟信号传输，不存在对数字信号的解码，所以无延时；③安全性好，由于传递为模拟信号，所以数据不易丢失；④系统成熟，产品成熟，配套摄像头也较为丰富。NVR 系统优点是：①可增容性好；②可以无线传输信号，实现异地控制和异地存储；③数字平台，方便将来增设功能；④高清摄像头的不断提高像素（720P 为高清标准，1080P 以上为全高清标准），高清摄像机采用逐行扫描的 CMOS 图像传感器，录像质量好；⑤线路较为简单，除电源线外（部分 POE 供电也可网线供电）仅需要一根网线即可，可以采用总线式联结，模拟摄像机每个摄像机均需要单独音频、视频等线路，线路数量较多。下文将对三种视频监控系统的设计要点逐一介绍。

（2）模拟视频监控系统（CCTV）

以全视频为主的监控设备，监控范围小，目前已不常用。本书不另附图。
1）由模拟摄像机、视频控制矩阵、矩阵控制键盘、磁带录像机（VCR）、监视器等组成。2）主要原理是摄像机采集模拟量信号通过视频分配器分配给磁带录像机和视频控制矩阵，利用键盘进行视频的切换和控制，磁带录像机进行图像的存储工作，由于采集的模拟视频录制也为磁带录像机，所以进行直接录像，不需要额外压缩和转换。3）主要采用的视频线及音频线传输，由于传输介质类型所限传输距离较短。

(3) 数字视频监控系统（DVR）

数字视频设计主要用在独立系统中，侧重点是存储和压缩（压缩即对摄像机进行编码之意），为一种模拟和数字结合起来的系统。1) 主要构成为模拟摄像头、视频分配器、画面分割处理器、服务器、磁盘阵列 DVR（硬盘录像机）、客户端（即软件）、显示器或电视墙等组成，相对传统模拟视频录像机，由于采用了硬盘录像，故常被称为硬盘录像机系统，也被称为 DVR，硬盘录像机系统对图像存储处理的计算机系统，具有对图像语音进行长时间录像、录音、远程监视和控制的功能。2) 工作原理：摄像机采集的模拟量信号通过视频分配器，分配给视频矩阵和 DVR，通过 DVR 的编码器变为数字信号并存储，数字信号也可以通过 DVR 的解码器解码，将解码后的模拟信号发送至视频监控显示器在监视器上浏览备查，送往视频矩阵的模拟视频信号通过画面分割处理器，进行切分和切换显示在电视墙上，也可以通过工作站在建筑群的监控系统共享。3) 设计要点一：硬盘容量计算：1 路摄像机录像 1h 大约需要 180MB～1GB 的硬盘空间，以接入前端摄像机 10 个计算，全天 24h，180M 的图像信息度，图像保存 30 天为例，$10×180×24×30=1296000M$ 为 2T 的最低存储硬盘进行设计较为合理。4) 设计要点二：控制矩阵切换计算：统计摄像机数量计算，由于控制主机以输入、输出的模块形式扩充，目前控制主机常用的输入有 8、16、32、48、64、80、96、128 到 512 路，以 8 或 16 的倍数递增，以 200 个摄像机为例，考虑一定的富余量，所以选择 256 路输入主机；选择控制器的输出路数以监控室内监视器台数进行确认，从 2、4、8、16、24 到 32，一般以 2 或 4 的倍数递增。比如上面举的例子，如果监控室需要至少 20 台监视器，可以选择 24 或 32 路输出（输出多一些不会影响性能，但价格会增加）的控制主机。如图 1-3 所示。

(4) 网络视频监控系统（NVR）

网络视频监控的设计理念侧重是网络传输，使用高速的网络，不再限制摄像机的数量，采用网络的交换机等。1) 主要构成为网络摄像头、服务器、NVR（网络视频录像机）、客户端（即软件）、显示器等组成，NVR 前端直接连接 IP 录像机。2) 与 DVR 对比：DVR 录像效果取决于摄像机与 DVR 本身的压缩算法与芯片处理能力，而 NVR 的录像效果则主要取决于 IP 录像机，因为 IP 录像机输出的就是数字压缩视频，视频到达 NVR 时，不需要模数转换，也不需压缩，只管存储，当要显示与回放才需解压缩。3) NVR 除了大容量硬盘，在前端 IP 录像机侧也可以安装 SD 卡，实现前端存储，在故障情况下，中心不能录像时，系统会自动转由前端摄像机直接存储。4) 线路方面 NVR 采用网线或是光纤即可，如果采用自馈电的 POE 模式供电，电源线也可以省掉，相对 DVR 线路比较简单数量也少。5) NVR 也可以通过适配器连接模拟量摄像机，这样就实现了不同原理摄像机在同一场所的使用。6) 工作原理：IP 录像机将数字信号直

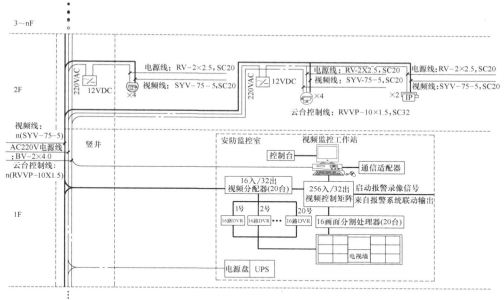

图 1-3 数字视频监控系统

接送至区域交换机,各区域交换机通过网线或光纤将数字信号汇总至核心交换机,通过服务器完成各种控制和存储,通过解码为模拟信号后送至监视墙。如图 1-4 所示。

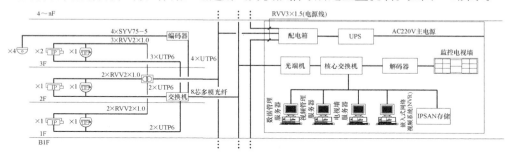

图 1-4 网络视频监控系统

(5) 基于 IP 的网络存储系统(IPSAN)

这里提及一下 IPSAN 主要是对比 NVR 系统,IPSAN 并非仅适用于监控系统,而是一种网络存储方式,是把服务器与存储设备连接起来的存储技术,在 IP 以太网上架构一个 SAN 存储网络,为云存储的概念,用在监控系统中则是将视频监控的信号通过网络存储于网络服务器上;而 NVR 则是通过网络数据对视频监控信号进行本地存储的模式。具体应用中 IPSAN 省去了存储单元所以造价便宜,对造价低网速要求也不高的小型系统建议使用,而对于多监控单元或大型联网系统,如城市监控网,由于可以共享网络及存储资源,也宜使用 IPSAN。两者系统上画法差别不大,本书不再单独设例说明。

3. 摄像机的安装场所

（1）办公建筑物

设置在主要出入口、停车场、周界、电梯厅、电梯轿厢、走廊、前台、网络机房、变配电室、生活水泵房、锅炉房、制冷机房、楼梯或特别需要监控的场所，如财务室、安防消防中心、重要设备机房等处，尽量不要设置在办公区域以内，且设于停车场出入口的摄像头需要注明防眩光型。

（2）住宅类建筑

设置在室外道路、地下车库车道、单元入户的电梯前室、地下车库通往住宅楼的通道处及其他可通往外界的通道入口处。户内一般不考虑摄像机的安装，如安装需通过权限且仅限特定人员浏览。

（3）学校监控

可参照办公建筑要求进行设置，特殊类型如幼儿园，可在教室内、幼儿休息室、多功能室安装摄像头，通过网络可以让家长实时浏览。

（4）酒店

设置在大堂、大门、通道、收银台、电梯内或特别需要监控的场所，不建议设置客房区域以内。

（5）医院类建筑物

可参照办公建筑要求进行设置，此外要设置在门诊科室等待处、抢救室、观察室、治疗室等场所。

（6）厂区或室外

设置在园区四角、道路端头、大面积的活动场所等位置。

（7）规范出处：《安全防范工程技术规范》GB 50348—2004 中 5.1.5 条之内容。

4. 现有视频安防系统常见升级模式

（1）模拟摄像头系统升级为数字摄像机，常用于旧楼改造，更换数字摄像机后原管线敷设维持不变，在摄像机前及网络交换机后分别增加同轴电缆收发器，模拟摄像头电源由同轴电缆收发器提供，收发器两侧更换为数字系统的网线设计。

（2）模拟摄像头维持不变，线路改为光纤敷设，需在摄像机前及DVR后增加光纤收发器，光纤接收器在前端外加电源为模拟摄像头供电，收发器两侧维持原系统的同轴电缆设计。

（3）考虑到IP摄像机价格较贵，也可以在NVR系统施工时，将IP摄像机调整为普通较为便宜的模拟摄像机，但需要在摄像机后增设模拟信号转化为数字信号的转化器，采购时候也可以询问厂家NVR系统是否自带该转化功能。

四、巡更系统

（1）概念

巡更系统是技防与人防的结合系统，要求保安按照预先随机设定的路线顺序地对各巡更点进行巡视，保安在巡逻的过程中在巡逻路线的关键点用随身携带的巡更棒确认自己已经巡查，方便对巡更人员和巡更工作记录进行有效的监督管理，同时也保护巡更人员的安全。

（2）分类

分为在线式巡更管理系统也称为实时巡更系统和后备式巡更管理系统也称为无线巡更系统。

1）在线式巡更特点是：每个巡更点都有线路与主机相连，巡逻员拿一张非接触卡在巡更点刷卡，数据通过巡更点线路直接传送到报警主机，每个巡更点是一个读卡器，如果有事件发生，加刷相对应的事件卡，通过读卡机与报警主机的联线，把读卡数据上传到管理电脑上。

2）离线巡更管理系统的特点是：巡更点为非接触卡，巡逻棒为读卡器，在每个巡逻地点，布置一些感应器及标识事件感应卡片，巡更人员手持巡逻棒，巡逻前先用读取器读取本人的标识开始巡逻，巡逻到某点后，巡更人员用巡逻棒读取该地点的感应卡片，如该地点有事件发生对应读取标识该事件的感应卡片。回到管理处，管理人员将巡逻回来巡逻棒读取器的数据上传到管理电脑中，电脑中的巡更软件就能够显示和管理巡更数据，缺点为没有实时性的，优点为不需要布线联线，所以安装施工比较简单。如图1-5所示。

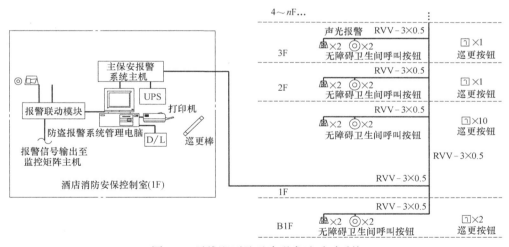

图1-5　无线巡更及无障碍求助呼叫系统

五、无障碍求助呼叫系统

专为紧急情况下需要帮助的残疾人士或行动不方便的老年人而设计的呼叫系

统,(规范出处:《无障碍设计规范》GB 50763—2012 中 3.9.3.10 条:"在坐便器旁的墙面上应设高 400mm～500mm 的救助呼叫按钮"。)该系统的功能是当有人需要帮助时,按求助面板,终端显示设备会声光报警并显示呼叫的地址编号,方便保安人员及时发现,紧急状况解决后,用专用钥匙复位,解除警报,记录呼叫及复位的信息,系统采用总线连接,分为有主机型和无主机型两种模式,设计思路分别如下:

(1)当系统呼叫点较多时建议设置报警主机的系统,报警主机同安防系统主机合用,系统采用总线制,采用 RVV3X0.5 护套线,干线敷设在弱电线槽内,每层由线槽穿线配管至呼叫点即可。

(2)当系统呼叫点较少时如 3～5 点,在公共走道或值班室就能够听到声光报警时,系统也可不设置位置主机。对于无主机系统,由附近照明灯具引 220V 电源至声光报警或呼叫按钮即可,声光报警和呼叫按钮之间 RVV2×0.5 护套线连接即可。声光报警器设置于门上 0.2m 处,呼叫按钮设置于距地 0.5m 较为合适。

六、速通门系统

1. 概念

速通门系统常用于交通枢纽和大型办公建筑,以办公为例,人员由公共区进入大堂需刷卡通过速通门进入电梯间,然后进入办公区,人员从办公区域离开时同样需要刷卡通过速通门再次到达公共区,速通门一次刷卡过一个人,从而可以准确记录人员进出的相关信息。以地铁为代表的交通枢纽,最为常见,本节主要针对民用建筑设计中的速通门进行介绍。

2. 电源

(1)为单相 220V 电源,敷设管线建议采用金属保护管,速通门的供电采用单独回路供电,不带漏电保护器,每个速通门可按 1kW 预留负荷。

(2)供电系统建议:可按一个 10A 断路器配出的支路控制 2 个速通门,或一个 16A 断路器配出的支路控制 3 个速通门进行设计。每增加 2～3 组速通门,增设一个相应供电的回路。

(3)控制器就近设置于速通门附近的电气井道内,配出电缆电线长度建议小于 50m。

3. 设计思路

(1)速通门系统采用 TCP/IP 协议,设计时仅绘制拓扑图即可,可参见图 1-6 所示。施工图设计主要侧重于管路的预留及消防联动的实现,系统绘制时可以将速通门控制器并入门禁系统,使用同一个网络平台。

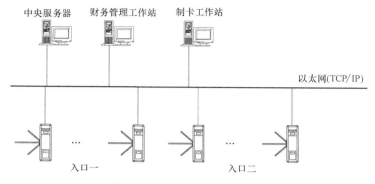

图1-6 速通门系统拓扑示意图

（2）虽然各厂家敷设线缆会有不同，但基本原理却是类似的，首先要考虑消防预留的条件，在发生消防疏散或其他紧急的情况下，通过消防控制模块，可自动打开闸门，预留消防管路的四芯缆线从速通门联动模块至本防火分区的消防端子箱处，如NH-RVVP-4X1.5-SC20；读卡器和开门信号管线可参见本书第十章门禁相关内容，引自服务器或门禁控制器，可共敷设于一管，如采用n×(RV-VP4×1.0（读卡器）+RVV2×1.0（开门信号）SC20）FC，其中n为速通门的数量；电源线可采用BVV-3×2.5-SC15 FC，引自就近电源；刷卡处预留引至控制面板的多芯屏蔽电缆，如RVV-10×1.0-SC 32 FC，控制面板可以设置于大堂、前台、警卫室等处，可依据工程实际情况确定。

4. 注意事项

预留管线的区域应无其他线管、地热导管或其他管路，如图1-7所示。

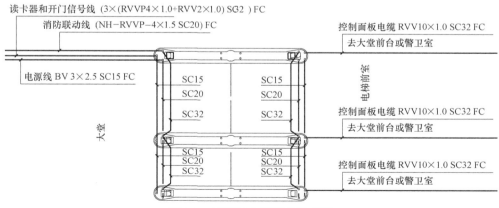

图1-7 速通门布线平面示意图

第二章 常见电气二次控制原理图

一、电气二次控制原理图概述

1. 列入本书的理由

电气二次控制原理图并不算真正的弱电系统，民用建筑电气二次图的工作电压一般为 AC220V，但基于二次原理图为一次配电主回路的控制部分而非供电部分；从控制的角度与楼控、自控、消防控制、灯控等系统又多有关联；且电气二次控制原理图中的软启动器、变频器、CPS 等控制设备均设有弱电接口；除此之外原理图中接触器、继电器线圈对触点控制多为直流操作，信号返回也为直流方式，综合上述考虑所以将其内容列入本书。规范出处：《建筑工程设计文件编制深度规定》（2016 年版）中 4.5.7.1 条："对有控制要求的回路应提供控制原理图或控制要求"。

2. 概念

电气二次控制原理图简称为二次图，二次元器件用来实现对一次侧电气主回路控制、监测、保护等功能，二次图用来表示二次控制回路各种元器件之间的工作关系和功能控制的原理，分为自上而下展开式和自左向右展开式两种，所有元器件图纸中所处位置均为不受电时保持的状态。

3. 施工图设计中要求和现状

（1）要求：在电气施工图设计时一般采用两种处理方式：1）按照设备需要实现的功能编辑逻辑控制图，然后根据逻辑控制图绘制电气二次原理图；2）根据设备功能要求引用国家及地区现行实施的电气图集相关部分内容。

（2）现状：一方面由于目前建筑电气技术的发快速展，涌现出各种电气控制原件和控制方式，使国标、地标图集在引用中无法做到所有功能的全面涵盖，所以对于新的设备和功能，设计师必须自己完成二次原理图。另一方面在过去的十几年中，随着配电箱厂家的业务拓展，目前多数项目的二次图设计都是由配电箱厂家深化或直接绘制的，导致设计单位的二次图设计水平日渐下降和被边缘化，入行不久的设计师在设计中由于缺乏基础的指导而出现了概念不清或是引用不当的问题。所以在本章中将对目前比较常用的几种控制原理图进行介绍，由浅及深的让读者理解二次图的逻辑设计方式。

二、几种常规简单逻辑控制原理

目前最常引用的电气控制电路图集是国家建筑标准设计图集 10D303-2～3《常用电机控制电路图》。在该图集中关于风机和水泵方面的方案较为复杂,并且由于逻辑关系没有文字表述,对于初学者来说理解有一定的难度,作者就把这几种常规的控制原理进行文字说明,希望能对读者理解有所帮助。

1. 排风兼排烟单速风机的控制原理

各种消防兼平时两用单速的电机控制原理,目前常见的是平时排风兼消防排烟、平时送风兼消防补风、空调新风兼消防补风等,以排风兼排烟风机的控制原理图为例(见图2-1),大体的控制逻辑是:

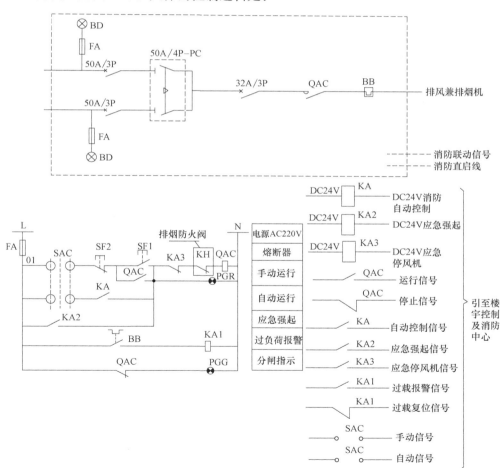

图 2-1 排风兼排烟单速风机控制原理图示例

（1）手动控制状态下按下按钮 SF1 使线圈 QAC 得电，常开触点 QAC1 闭合启动风机；常闭触点 KA3 为应急状态下停止风机，如需要紧急停止风机则发出指令后 KA3 线圈得电，常闭触点 KA3 打开断开主回路，排烟防火阀 KH 到达 280℃后熔断阀熔断，KH 断开主电路关闭风机。此方案消防直启线控制启停并且均有信号反馈，所以至少要配置 8 芯线。如按国标图集直启线仅作为启动及反馈，则最少配置 4 芯线即可。

（2）自动控制状态下，通过消防联动信号常开触点 KA 闭合使 QAC 线圈得电启动风机。

（3）消防直启情况下，常开触点 KA2 跨过转换开关直接得电，使 QAC 线圈得电启动风机。

（4）热继电器 BB 为过载保护，由于消防电机不允许动作，只能报警，所以热继电器 BB 动作后，KA1 线圈得电，不断开主回路但通过 KA1 常开触点返回报警信号，如需拓展过载报警指示则增加一个 KA1 常开触点串联指示灯即可。

2. 排风兼排烟双速风机原理

如果为消防兼平时两用双速的电机，它的控制原理为低速运行时风机为星形接线，为了达到更高的转速在消防状态下为三角形接线，二次图可以拆分为两组电机来分别对待，以排风兼排烟双速风机原理图的控制原理图为例（见图 2-2），大体的控制逻辑是：

（1）手动控制状态下的启动方式同 1.（1），该图增加了 BA 信号的自动控制，对平时使用的低速风机实现自动控制。

（2）消防状态下，可通过消防联动信号 KA 和消防直启 KA2 两种方式启动，KM、QAC3 线圈得电，QAC 3 常开触点闭合，QAC2 线圈得电，QAC2 常开触点闭合，主回路启动，QAC2 常闭触点打开，低速运行回路切断；如需要紧急停止风机则发出指令后 KA3 线圈得电，常闭触点 KA3 打开断开主回路。

（3）排烟防火阀 KH 的设置位置做了调整，考虑到手动和两种模式均需被切断，到达 280℃后熔断阀熔断，KH 断开主电路关闭风机。

（4）热继电器 BB 为过载保护，可以参见 1.（4）叙述。

3. 联动阀门控制原理

风机或空调在风机启动时，一般会联动相关的风阀动作，如风机启动电动阀开启，风机关闭电动阀相应关闭，这就需要通过二次图实现联动关系。

（1）一种设计思路是风阀单独供电，通过独立回路接触器控制阀门的开启关闭，联动阀门的控制原理图（如图 2-3）大体的控制逻辑是：

1) 风机的启动过程同 1.（1），不再复述。QAC1 常开触点吸合后启动风机或水泵，同时使 QAC 2 线圈得电，位于风阀处的 QAC 2 常开触点吸合使电动阀得电打开；关闭时也是一样，QAC 1 线圈失电后，QAC1 常开触点打开，QAC

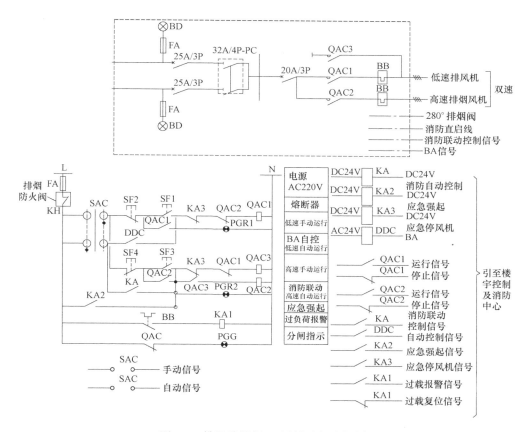

图 2-2 排风兼排烟双速风机原理图示意

2 线圈失电,位于风阀处的 QAC 2 常开触点打开,阀门关闭。

2) 自动控制状态下,通过自控信号 KA1 常开得电使 QAC 1 线圈得电启动风机,后同手动启动。

3) 风机等设备故障报警后,由于是非消防风机,所以主电路的 BB 常闭触点打开断开主回路,BB 常开触点吸合,KA2 线圈得电,KA2 常开触点吸合,发出故障声光报警。

(2) 第二种思路是不单独配出支路对风阀进行控制,仅通过风机的二次控制回路对风阀实现控制和供电(如图 2-4 所示),大体控制逻辑如下:

1) 风机的启动过程不再复述。QAC1 常开触点吸合后启动风机或水泵,同时使 1KA1 线圈得电,位于风阀处的 1KA1 常开触点吸合使电动阀得电打开;关闭时也是一样,QAC 1 线圈失电后,QAC1 常开触点打开,1KA1 线圈失电,位于风阀处的 1KA1 常开触点打开,阀门关闭。

2) 自动控制状态下,通过自控信号 1KA 常开得电使 QAC 1 线圈得电启动

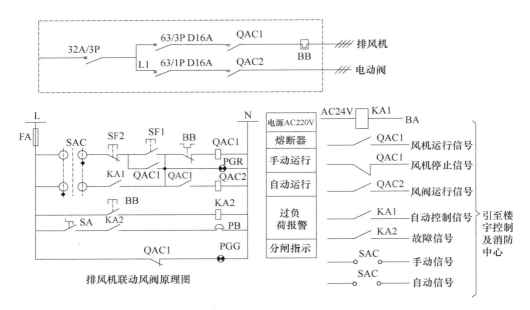

图 2-3 联动阀门控制原理示意图一

风机,后同手动启动。

3)风机等设备故障报警后,由于是非消防风机,所以主电路的 BB 常闭触点打开断开主回路,BB 常开触点吸合,返回故障信号。

4. 带按钮控制盒补风机的原理

现行规范对于厨房、柴油发电机房、燃气锅炉房等排风机均要考虑事故排风,室外门口和室内靠近风机的位置需设置现场启动风机按钮,使风机在房间内部和外部都可以控制启停;还有正压、排烟、排油烟等风机设置于屋面,当和相关控制柜距离较远时,也会设置现场控制按钮,外接按钮的二次图的原理,设计特点是将外接部分以虚线框形式表示在二次图内,需注意如有外接指示灯一样要用虚线框表示出为外接(如图 2-5)。事故风机的二次图,其逻辑关系为:

(1)手动控制及自动控制同前文,不再复述。

(2)通过箱外的按钮在现场或是房间外对风机进行遥控时,按钮 SF3 按下后 QAC 线圈得电接通主电路,启动风机;需远程关闭时,按下 SF4,QAC 线圈失电,接触器失电断开主电路,关闭风机。需注意的是按钮处是否需要设置指示灯,另外如果为多组按钮则图中按钮位置并联设置即可。

5. 单相电机的控制原理

单相电机的控制原理图(如图 2-6):大体的控制逻辑同三相一致,需注意的是单相负荷较小,则电流很小,所以不需要设置热继电器,一般搭配中间继电器使用较为常见。中间继电器的结构和原理与交流接触器基本相同,与接触器的

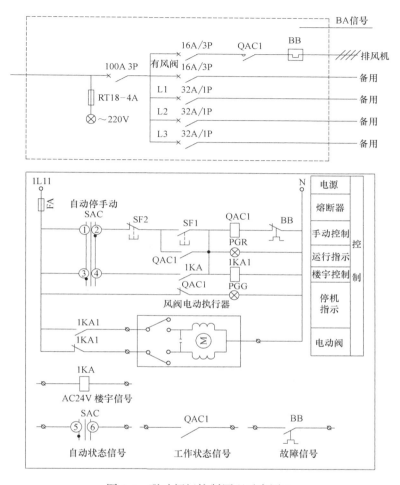

图 2-4 联动阀门控制原理示意图二

主要区别在于：接触器的主触头可以通过大电流，而中间继电器的触头只能通过小电流，因为其过载能力比较小，所以用于控制电路中是没有主触点的，用的全部都是辅助触头，且数量比较多。

6. 变频设备的控制原理

各种厂家的变频器种类较多，变频器有设置于箱内，也有设置在箱外，多数变频器实现的功能和方式类似，以下引用一个设置于箱内的例子来说明变频设备的控制原理（如图 2-7）其大体的控制逻辑是：

（1）手动控制状态下通过按下按钮 1SF1 常开触点 1QAC 得电，1QAC 常开触点吸合，接通变频器控制回路，通过变频器启动电机。

（2）自动控制状态下，通过自控信号 1K 使 1QAC 得电启动风机。

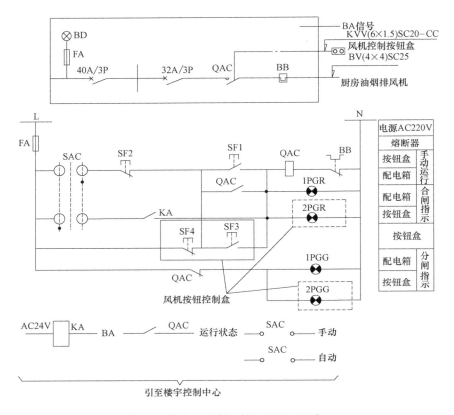

图 2-5 带按钮控制盒补风机原理示意

（3）变频器注意的是设置了故障报警，报警后外接 1KA 线圈得电，1KA 常闭点打开关闭主回路，同时故障指示。

7. 软启动的控制原理

设备采用软启动的控制原理图，软启动实质上是一种降压启动，在启动过程中，利用晶闸管交流调压的原理，使电压平滑地加到电机上，启动结束时，电机需要加上全部电压，此时软启动器的使命也就结束了，所以被设定程序控制的接触器短路。软启动器和变频器是两种完全不同原理的产品。变频器是用于需要调速的地方，其输出不但改变电压而且同时改变频率；软启动器实际上是个调压器，用于电机启动时，输出只改变电压并没有改变频率。变频器具备所有软启动器功能，但它的价格比软启动器贵，结构也复杂。各厂家软启动器种类较多，但各产品实现的功能大致相同，同变频器的主要差别反映在二次图中是软启动器具有旁路接触器，所以会增加相应的启动和报警（如图 2-8），其大体的控制逻辑是：

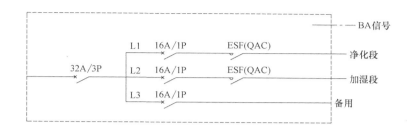

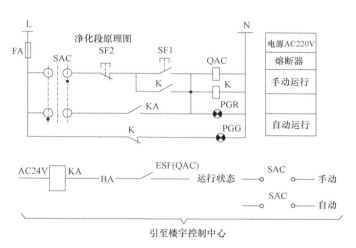

图 2-6 单相电机的控制原理示意

（1）手动及自动控制逻辑同变频器，不再叙述。

（2）启动完成后，旁路接触器 3KA 线圈得电，3KA 常开触点吸合，3QAC2 线圈得电，3QAC 2 接触器闭合，完成全压运行。

（3）软启动器故障报警后，3KA1 线圈得电，3KA1 常闭触点打开关闭风机，同时常开触点打开报警。

8. 采用 CPS 启动的控制原理

CPS 全名为控制与保护开关电器，集成了传统的断路器、接触器、热继电器等的主要功能，反映在控制原理图中主要和所选的 CPS 型号有关，根据需要选择常开触点和常闭触点及报警点的数量。这里引用一个单台设备的例子（如图 2-9），其余功能可以借鉴使用，但鉴于 CPS 内部节点意义各厂家会有不同，该原理图建议同厂家协作设计。其大体的控制逻辑是：

（1）手动控制状态下按下按钮 SF，使 CPS 自带接触器线圈 A2 得电，通过 A2 常开触点吸合启动风机或水泵。

（2）自动控制状态下，通过自控信号经过 13～14 常开触点的吸合同手动回路形成自锁。

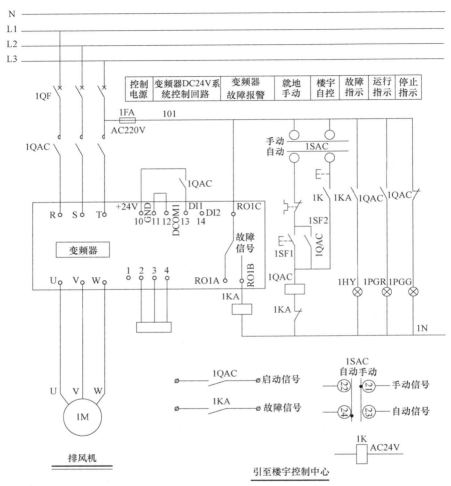

图 2-7 变频设备的控制原理图示意

（3）当主回路发生过载，过流等情况，操作按钮脱扣，95～98 故障报警常开触点闭合，显示故障，切断主回路。当发生短路时，操作按钮脱扣，05～08 短路报警常开触点闭合，同时 95～98 故障报警常开触点也闭合，显示故障，切断主回路。

9. 应急照明强启控制原理

各种与消防报警系统有关的配电箱体，涉及消防信号的报警及联动，消防报警属于弱电，和强电之间不存在直接的联系，消防报警能够提供的仅是 DC 24V 的直流电源，必须通过中间继电器来联动相关的 AC 220V 交流接触器，所以设置的中间继电器，主要起一个中间转换作用，箱体内设置 220V/24V 变压器，为中间继电器供电，其余相关与消防联动也可以参照这个思路设计，比较典型的应

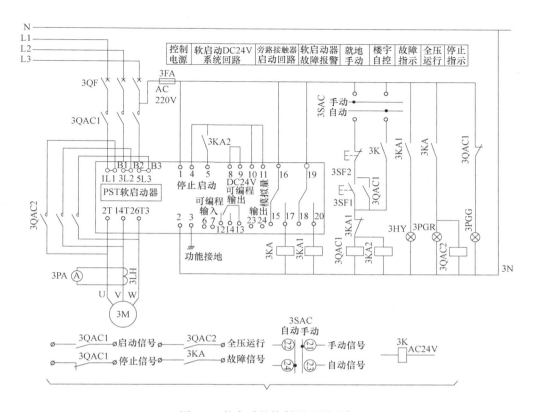

图 2-8 软启动的控制原理图示意

急照明强启控制（如图 2-10）二次图原理如下：DC 24V 消防信号送到应急照明箱内中间继电器 KA，KA 线圈得电后，KA 常开触点闭合，使 ESB 接触器线圈得电，主触点闭合，达到强启应急照明的作用。

10. 中间继电器联动电气原理

同消防报警类似，与楼控（BA）有关的配电箱体，均涉及楼控信号的联动，楼控信号也属于弱电，和强电之间一样不存在直接的联系，楼控信号能够提供的是 AC 24V 的交流电源，是也需要在 AC 220V 的控制回路中增加变压器，提供 AC 24V 电源给中间继电器使用，再进行控制，不再复述原理，需特别注意的是消防控制是 DC24V 信号，BA 控是 AC24V 信号，这个在设计中不要混淆。图 2-11 为 BA 采用的中间继电器联动电气原理图，着重表示变压器的设置部分，实际设计中也考虑到占用图面的问题，变压器和中间继电器一般也可以不必在图中表示。

11. 两用一备或多用一备的设备控制原理

两用一备或是多用一备的设备的控制思路，原理图主要注意备用设备如何自

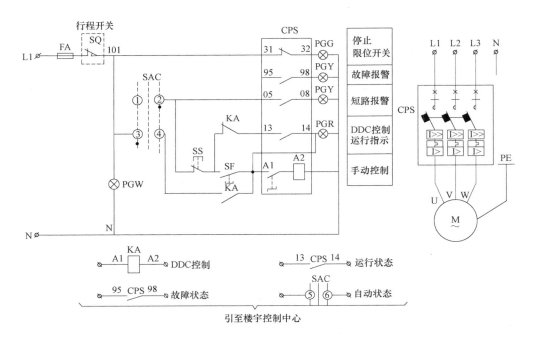

图 2-9 采用 CPS 启动的控制原理图示意

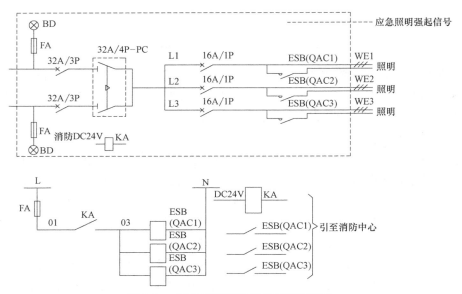

图 2-10 应急照明强启控制原理图示意

动投入,即互锁如何实现,设计思路是将单台设备的启停分别独立表示,轮换及互锁的部分另外表示,这样控制的逻辑就比较清晰,其中单台设备的控制原理这

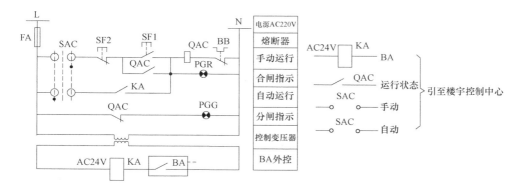

图 2-11 中间继电器联动电气原理图示意

里不再叙述,主要阐述设备之间的轮换及互锁的实现,以 3 台污水泵两用一备电气原理图(如图 2-12～图 2-14)为例,3 台水泵的转换开关有 4 个位置,两个自动、一个手动、一个备用,转换的原理如下:

(1) 若 1 号、2 号泵运行 3 号泵备用状态下,1 号、2 号泵转换开关在自动挡,3 号泵的转换开关打在备用档。

(2) 当 1 号泵发生故障后,1BB 常闭触点断开,1QAC 线圈失电,1QAC 常开触点打开,1 号泵停运,1QAC1 常闭触点吸合,时间继电器 KF 线圈得电,相应的常开点 KF 闭合,经过延时后 KA4 线圈得电,在备用档的 3 号泵主回路中 KA4 常开触点吸合,使 3QAC 接触器线圈得电,主触点闭合,启动备用水泵;当在自动轮换的状态下时,也是时间继电器 KF 经过一定的运行时间后,相应的常开点 KF 闭合,之后与故障时启动原理类似,启动备用水泵即可。

(3) 其余泵故障切换也同理,不再详细说明,几个特殊的中间继电器说明一下,KA3 是 SL3 溢流时线圈得电,相应 KA3 常开触点闭合,发出声光报警;KA5 是试验或需要手动解除音响时采用的辅助继电器。

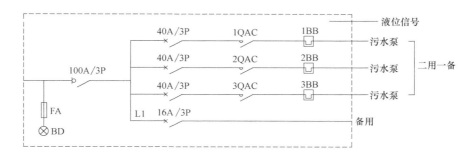

图 2-12 3 台污水泵两用一备控制原理图(一)

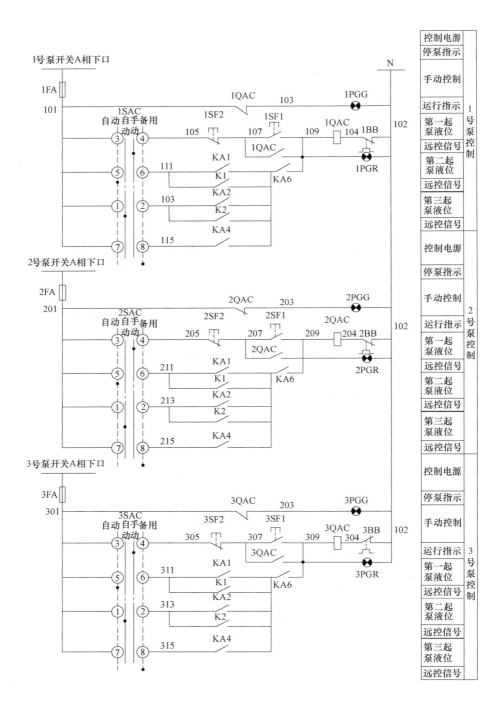

图 2-13 3 台污水泵两用一备控制原理图（二）

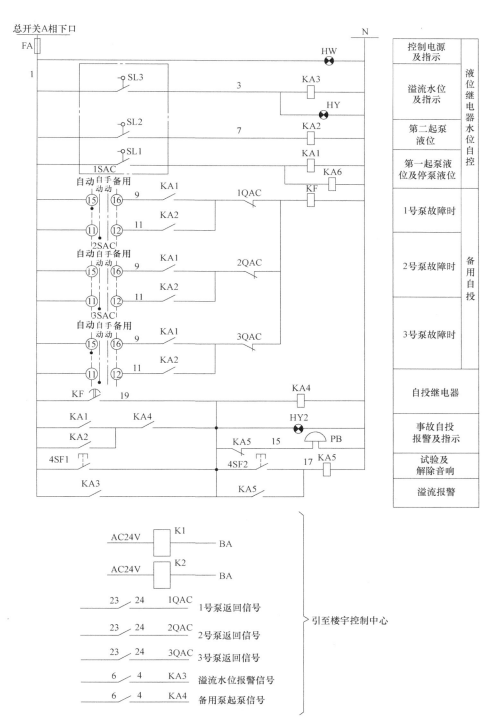

图 2-14 3台污水泵两用一备控制原理图（三）

第三章 常见楼宇自控原理图

一、楼宇自控原理图概述

楼宇自控系统就是将建筑物或建筑群内的变配电、照明、电梯、空调、供热、给水排水、消防、安保安等分散设备的运行状况、安全状况、能源使用状况及节能管理实行集中监视、管理和分散控制的建筑物管理与控制系统，称为 BAS（Building Automation System），下文简称 BA 系统。随着科技与经济发展，目前民用及工业建筑使用 BA 系统逐渐普遍，BA 系统逐步从单一对空调系统进行单一监测，发展到对照明、水泵、电力等多种分散控制系统进行综合管理，功能由最初以监测为主发展到监测和控制并重。本章通过介绍 BA 系统设计思路，归纳总结一些常规的控制要求，让读者对 BA 系统有初步的认识，掌握基本的设计理念。

二、楼宇自控电气专业设计深度

由于不同品牌产品 BA 系统的总线、控制思路会略有不同，BA 系统深化需要专业厂家进行二次设计，所以电气专业施工图设计主要依据《建筑工程设计文件编制深度规定》（2008 年版）4.5.9 条对建筑设备监控系统设计图深度要求如下：（1）监控系统方框图，绘至 DDC 站为止；（2）随图说明相关建筑设备监控（测）要求、点数、DDC 站位置；（3）配合承包方了解建筑设备情况及要求，对承包方提供的深化设计图纸审查其内容。其中第（1）、（2）点为设计点，第（3）点为配合点，针对设计点本章将对 BA 系统的监控点位表统计方法进行重点介绍。（4）规范出处：《建筑工程设计文件编制深度规定》（2016 年版）中 4.5.8.2 条："监控系统方框图、绘至 DDC 站止。随图说明相关建筑设备监控（测）要求、点数，DDC 站位置"。

三、监控系统方框图的绘制

设计思路类似于一般总线制的弱电系统，主要需表示机房位置、干线路由或敷设方式、末端 DDC 站名称或编号等。如图 3-1 所示：图中实线是 DDC 站之间的总线，使用较广的是 BACnet 协议，物理介质采用光纤或 5 类以上双绞线；虚线是 DDC 站至末端设备的控制线,使用较广的是 LonMark 协议,物理介质多为 RVVB 或是 RVV 等控制软线。BACnet 是个综合性的协议,可提供稳定的服务功能,不足之处是在小型终端控制设备间实施时,性价比较低。LonMark 是专门为设备而优化的协议,从传感器、调节器到区域控制器均可行,便于和廉价设备相适应,但其通信速率较低,适用于工作层,所以在工作层建议采用 LonMark 协议来连接控制器、感应器和调节器等设备;区域工作站层面的控制采用了 BACnet 协议连接各个 DDC 工作站;两个协议互为补充,建立一个完整的建筑结构,得到最佳的性能和成本。

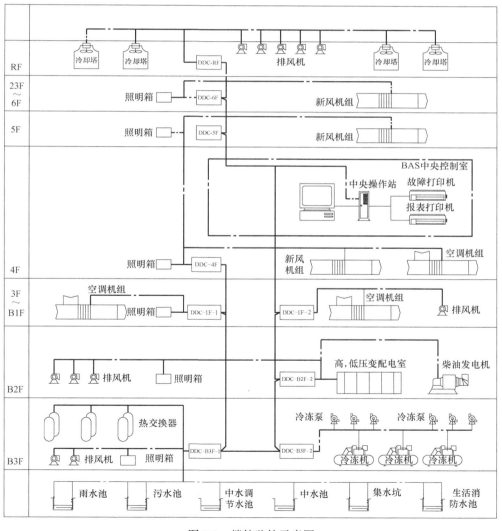

图 3-1 楼控监控示意图

四、监控点位表的绘制

(1) 确定 BA 系统规模,根据冷冻、空调、变配电、热力、给水排水等相关专业提供的设计条件及功能需求,了解各子系统功能及技术要求,确定需要监控的设备种类、数量、分布情况及标准。

(2) 绘出设备监控系统原理图,根据原理图统计监控系统的监控点(AI、AO、DI、DO)的数量分布情况并列出点表。

(3) 根据监控点数和分布情况确定分站的监控区域、分站设置的位置,统计整个建筑物所需分站的数量、类型及分布情况。如表 3-1 所示,为监控点位表的一般样式,可用 CAD 格式,也可采用 EXCEL 格式,一般根据功能需求说明相关监控点位表作用和数量即可。

监控点位表示意　　　　　　　　　　　　表 3-1

监控设备	监控设备与项目	数量	输入输出			
			DI	AI	DO	AO
风冷热泵机组(3组)	风冷热泵机组	3				
	机组运行状态		3	—	—	—
	机组故障报警		3	—	—	—
	冷热水进/出水温度		—	6	—	—
	机组启停控制		—	—	3	—
	冷热水出口蝶阀开闭		—	—	3	—
	小计		18	18	18	0

五、控制原理图设计思路

设计人员是否出控制原理图可根据本院习惯或甲方要求予以确定,但绘制原理草图是点位统计的重要手段,本章将重点介绍各种 BA 系统,由简单到复杂逐步深入阐明。

1. 控制设备的配电柜 BA 监控点位表

该类常见监控点位表多为水泵、风机类配电柜,无变频要求的配电柜一般按照控制水泵(风机)的启停 DO 1 点,监测水泵(风机)故障、手/自动运行状态、运行状态 DI 各 1 点进行设置,水泵类与风机类设备 BA 监控点位表设计思路是相同的,需注意几点:(1) 水泵会出现一用一备或两用一备等,这种情况有几台泵相应的监控点位表就增加几倍,如控制一用一备两泵的配电柜,就需要

2×3点DI，2×1点DO等；（2）水泵设有水位测量的监控点位，如某水泵有：停泵水位、启泵水位、溢流报警水位等几个液位测量，3个液位就相应设置3个DI监控点进行监测，其余水泵以此类推，如图3-2所示。诱导风机、射流风机、普通排风机等均可以按本条所述对配电柜设置BA监控点位表。如图3-2所示：

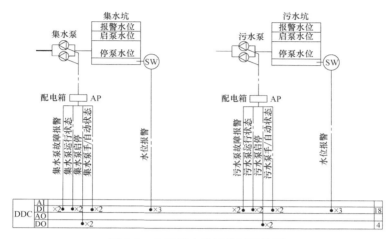

图3-2 生活排水系统控制系统图

2. 变频及电梯类设备

对含有变频器的配电柜，除考虑普通配电柜的监控点位表外，需要额外增设变频器频率反馈AI 1点，变频器控制输出AO 1点；对于电梯、扶梯等设备监控点位表如图3-3所示，电梯需设置电梯上行状态、电梯下行状态、电梯运行状态、电梯故障状态、电梯电源状态共计DI 5点，扶梯一般去掉电梯上行状态、电梯下行状态设置DI 3点即可。

3. 新风机组的控制原理图

新风机组为气水系统空调形式的主要设备，新风机组一般由新风段、过滤段、盘管段、加湿段、送风机段及相应的检修段组成，如图3-4所示，主要与空调专业核实不同项目要求的功能增减。

基本功能包括：（1）送风温度的检测（模拟量）AI 1点，一般温度、湿度、压力等检测均为AI信号；（2）过滤器报警、防冻开关保护信号的检测和采集为（数字量）DI 1点；（3）如果执行机构被要求用于控制过程系统的液位、流量或压力等开度的参

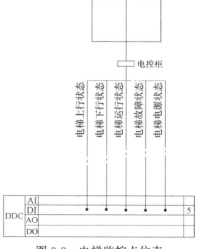

图3-3 电梯监控点位表

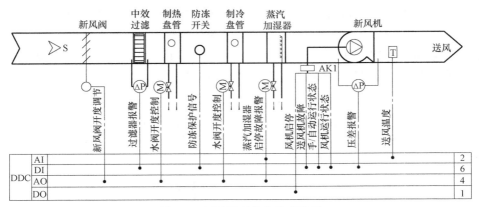

图 3-4 新风处理机自控系统图

数，一般用模拟量 AO 作为控制信号，如新风阀开度调节、水阀开度控制、蒸汽加湿器启停等需要对阀门进行控制的功能，本书图中采用圆形 M 阀门表示；
（4）如果执行机构被要求控制过程系统的开关，一般用数字量 DO 作为控制信号，典型的是配电箱内对风机水泵的启停控制，电动开关阀门本书采用方形 M 阀门予以区别表示。

可选功能主要包括过滤和加湿等：（1）一般有初效过滤器、中效过滤器、高效过滤器，需要与空调专业核实使用了哪种或是组合过滤器，其中每组过滤器都要分别考虑 DI 1 点；（2）加湿一般为普通蒸汽加湿器和电热蒸汽加湿器：普通蒸汽加湿器对模拟量进行采集控制，蒸汽加湿器启停设 AO 1 点，故障报警设 AI 1 点；电热蒸汽加湿器控制一般有专用配电箱，是数字量控制，对电热蒸汽加湿器设置启停 DO 1 点，故障报警 DI 1 点。

4. 全空气调节机组

全空气调节机组和新风机组控制不同之处是增加了排风道及相关风机，新风道和回风道之间需增加回风阀，BA 监控点位表相同处不再复述，不同点是需增加回风阀调节 AO 1 点，回风道设置温度传感器 AI 1 点，另外需注意当人员数量不多时，为减少新风量节省能源，房间内可设 CO_2 浓度检测，控制其新风支管上的电动风阀的开度，这种方法适合采用新风加风机组盘管系统的办公建筑或间歇使用的小型会议室等场所，如图 3-5 所示。

5. 设有热回收装置的新风空调机组

设有热回收装置的新风空调机组与普通新风机组不同之处是热回收机组通过回收冷却水系统中的散热量，用于余热生活热水，所以增加了回收用的一台排风机，相应需要增加一台控制风机的配电柜，其监控点位表可参考第五.1 小节中配电柜所述内容；此外二次利用热能时需对管道温度进行监测，回风管需要增加回风温度的监测 AI 1 点，需对回风管道再利用回风进行过滤，相应增加过滤器

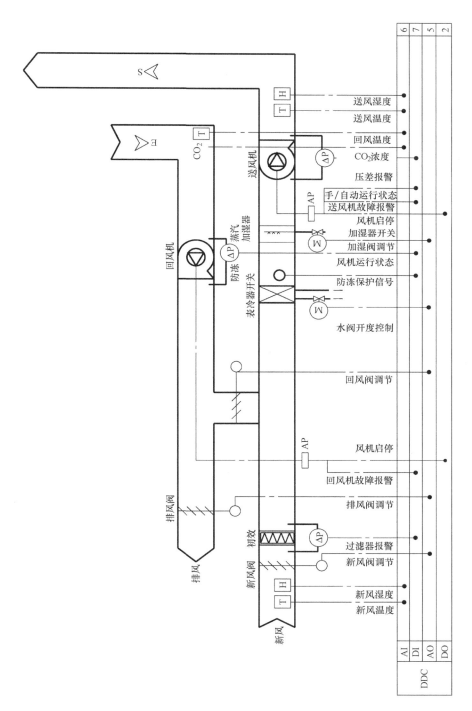

图 3-5 全空气调节机组监控系统图

报警 DI 1 点。热回收装置的新风空调机组常见有转轮式和热管式两种，两种设备由于工作原理的差别，转轮式热回收装置需设置压差报警 DI 1 点，转轮起启停控制 DO 1 点；热管式热回收装置为物理原理则不需要考虑 BA 控制。转轮式热回收装置新风空调机组如图 3-6 所示：

6. 制冷机房 BA 监控点位表统计

制冷机房即是中央空调的水系统，常见有：（1）常规水冷系统：主要控制部分为制冷主机、冷却水泵、冷冻水泵、冷却塔、集分水器，如无补水泵一般会有高位水箱；（2）水源热泵、地源热泵系统，其控制特殊之处是无冷却塔；（3）冰蓄冷系统，其特点是增加了乙二醇泵、蓄冰槽。下面将对这几种主要空调形式的 BA 系统逐一介绍。

（1）常规水冷系统

常规水冷系统控制原理如图 3-7 所示，水冷系统启动顺序为：1）冷却塔风扇启动，由配电柜控制每台风扇启停，设 DO 1 点，送风机故障、手/自动运行状态、风机运行状态 DI 共 3 点，冷却塔水阀 MD1，设每组电动蝶阀开关状态反馈 DI 1 点、电动蝶阀开关控制 DO 1 点。冷却塔供回水管路上分别装设对冷却水供回水温的检测 AI 1 点。2）启动冷却水泵、冷冻水泵的配电柜，控制每台水泵的启停 DO 1 点，送风机故障、手/自动运行状态、风机运行状态 DI 共 3 点，供回水的每组电动蝶阀分别有开关状态反馈 DI 1 点、电动蝶阀开关控制 DO 1 点，打开冷水阀 MD2，启动冷水泵，延时启动冷水机组，根据水流开关 F 检测供回水流状态 AI 1 点，冷却进/出水管设 AI 4 点测量供、回水温度，通过冷水流量及供、回水温度 T1、T2 之差的乘积计算冷负荷，对冷水机组进行台数控制。3）集分水器之间设置冷冻水供回水的水压表压差检测 DI 1 点，供回水总管供水温度 AI 1 点，分水器进水管设置供回水总管水管流量 AI 1 点，根据系统供水压 P1、回水压 P2 之差，供水温度 T1、回水温度 T2 之差，使冷水机组维持恒定流量运行，根据空调末端设备负荷情况，通过设于压差旁通阀开度反馈 AI 1 点及压差旁通阀开度调节 AO 1 点实现对旁通阀 MD 的开度控制。4）膨胀水箱补偿系统中设置水位超限进行故障报警 DI 1 点，通过水的胀缩量控制电磁阀的开启与闭合，相关电磁阀的开启与闭合设 DO 1 点。5）或可以增加室外传感器，根据室外大气湿球温度值自动控制风机的启停运行，温度检测设 AI 1 点，三台则为 AI 3 点。

（2）水源热泵、地源热泵系统

以制冷模式为例，冷冻水泵从水井取水，水源热泵空调主机根据检测到的冷热水温度自动启停。设检测冷冻水供水温度 AI 1 点，冷却水泵、冷冻水泵、循环泵与水源热泵空调主机配电箱分别设：启停 DO 1 点、故障、运行状态 DI 各 1 点。每台主机的进出水管上设有电动两通阀，进出压缩机共 8 组蝶阀，每组需设置：蝶阀开关控 DO 1 点、状态反馈 DI 1 点，通过循环水泵供给集分水器送至末

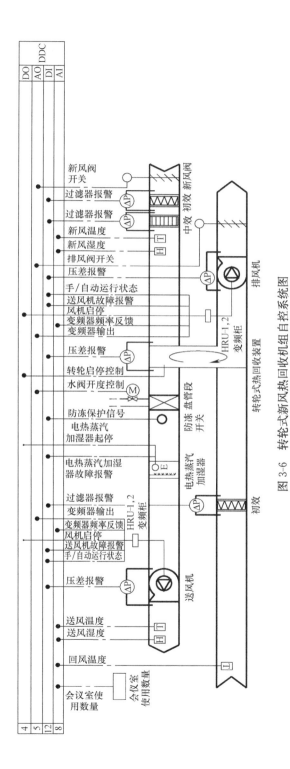

图 3-6 转轮式新风热回收机组自控系统图

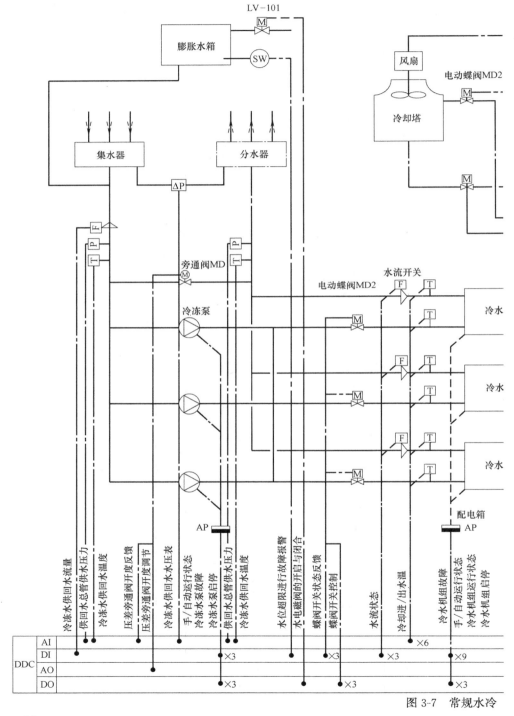

图 3-7 常规水冷

34

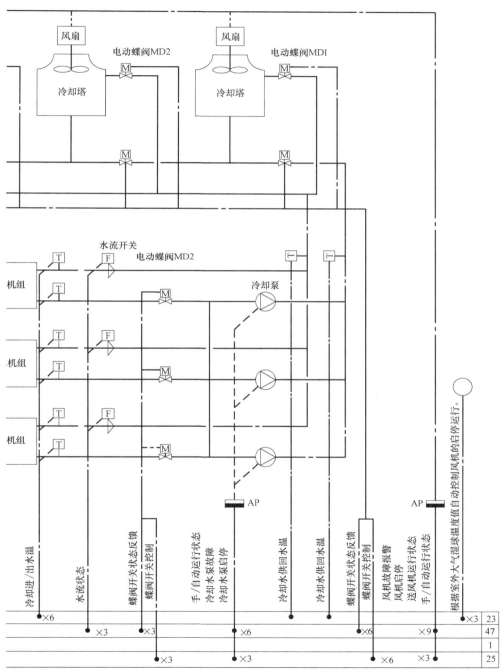

系统控制原理图

35

端，集分水器 BA 点表参见五、6.（1）小节中的介绍。此外，供回水管上通过测冷热水温控制循环水泵启停，分别设置供水温度 AI 1 点，回水温度 AI 1 点。至集分水器 BA 监控点位表可参见五、6.（1）小节相关叙述。水源热泵系统控制原理图如图 3-8 所示。

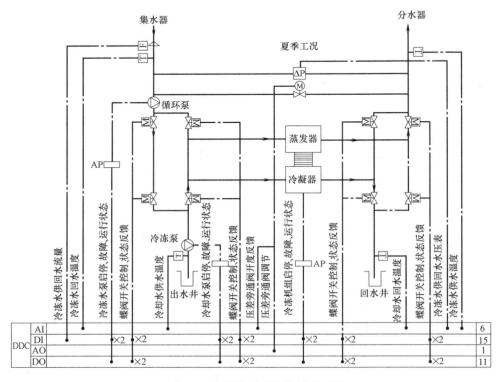

图 3-8 水源热泵系统控制原理图

（3）冰蓄冷系统

冰蓄冷系统原理为在夜间用电低谷期，采用电制冷机制冷，将冷量以冰的形式储存起来，而在电力负荷较高的白天，也就是用电高峰期，将冰融化释放冷量，用以部分或全部满足建筑物空调负荷的需要。初级乙二醇泵置于双工况制冷主机的入口，次级乙二醇泵置于双工况制冷主机、储冰装置的出口，并与板式换热器相联，满足系统在各工况下对乙二醇回路的要求。以并联流程为例，制冷机与蓄冰罐在系统中处于并联位置，当最大负荷时，可以联合供冷。其中制冷主机 BA 系统包括：冷冻水泵、初级乙二醇泵、冷却水泵、双工况主机的配电箱控制，按每台机组或水泵设置启停 DO 1 点、故障、运行状态 DI 各 1 点。初级乙二醇泵与热交换器及次级乙二醇泵管道间蝶阀的开度控制各 AO 1 点，蝶阀开度状态反馈 AI 各 1 点，该蝶阀采用模拟量或数字量要与设备专业核实清楚，一般

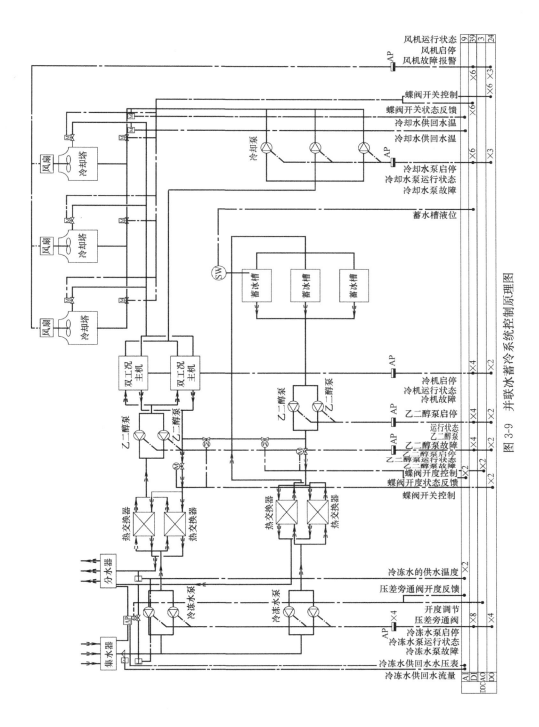

图3-9 并联冰蓄冷系统控制原理图

来说如果是开度则是模拟量,开关则是数字量。冷却塔控制参见五、6.（1）节相关介绍；蓄冰罐BA系统包括冷冻水泵及次级乙二醇泵的配电箱控制：按每台水泵设置启停DO 1点、故障、运行状态DI各1点。此外蓄冰槽液位测量设AI1点。集分水器BA控制参见五、6.（1）中相关叙述。并联冰蓄冷系统控制原理如图3-9所示。

7. 热交换器

热交换器一般独立于冷冻机系统外,为热流体的部分热量传递给冷流体的设备,如图3-10所示：在一次侧进水管上设置一个压力传感器测量供水压力AI 1点,设置流量开关测量水流状态AI 1点,对系统的运行进行监测,测量供回水两侧温度,两组热交换器共设了供回水温度测试AI 6点,可根据供回水管路进行对阀门的开度控制,每个蝶阀设有开度状态反馈AI 1点、蝶阀开度控制AO 1点,做到自动调节。配套循环泵配电箱设启停DO 1点,故障、运行状态DI各1点。

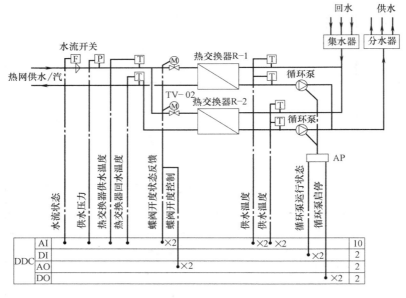

图3-10 热交换系统控制系统图

8. 空调系统定压补液装置

定压补液装置的作用是使系统压力稳定,罐内压力达到压力上限,水泵停机；罐内水压降低到压力下限时,水泵应自动启动补水。气压罐设置一个压力传感器测量供水压力AI 2点,循环泵配电箱设启停DO 1点,故障、运行状态DI各1点,当系统内的水受热膨胀使系统压力升高超过设计压力时,多余的水通过安全阀排至膨胀水箱内循环使用,每个蝶阀设有开关状态反馈AI 1点、蝶阀开关控制AO 1点,同时膨胀水箱内液位仪设置高低液位检测AI 2点。空调系统定压补液装置控制系统如图3-11所示。

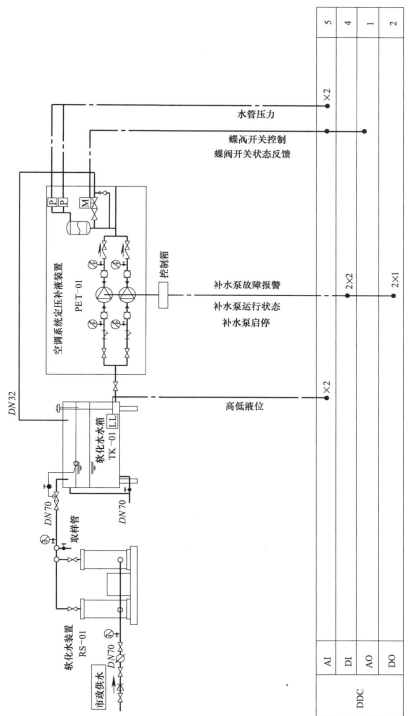

图 3-11 空调系统定压补液装置控制系统图

9. 智能照明的 BA 监控点位表

智能照明可以采用灯控系统通过网关并入 BA 系统，也可直接采用 BA 系统控制，两者差别主要是造价，灯控系统较 BA 系统单点控制造价要便宜 50% 左右，如采用 BA 系统控制可参照图 3-12 所示的照明系统监控系统图，1KA 常开触点设置 DO 1 点实现对照明开关的控制，在收到 BA 信号后 1KA 常开触点闭合，1QAC 线圈得电，1QAC 接触器闭合，点亮相应的照明灯具，同时 1QAC 常开触点设置 DI 1 点，在点亮照明后常开触点闭合将回路的开合状态返回 DDC，另在转换开关处设置 DI 1 点，用于将转换开关的状态送回 DDC，其余 N 回路可同理进行统计。

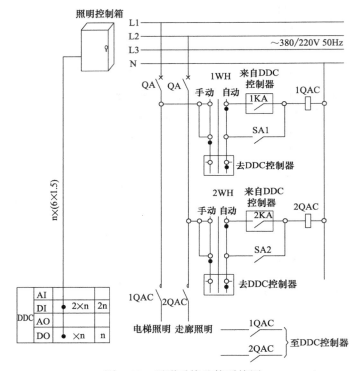

图 3-12　照明系统监控系统图

10. 平时消防双速风机

平时消防两用通过风机与普通排风机控制形式基本相同，可以查询相关的图集，风机一般由风机、配电箱、消防联动模块等组成，如图 3-13 所示，主要与空调专业核实不同项目要求的功能增减。

基本功能包括：(1) 无变频要求的配电柜的点表：风机的启停 DO 1 点，监测风机故障、手/自动运行状态、运行状态 DI 各 1 点进行设置；(2) 消防联动信号引入配电柜，增加了高低速运行的控制，信号的检测和采集为（数字量）DO

2点；(3)如果执行机构被要求用于控制压差报警等参数，则设置压差监测的DI1点。

11. 柴油发电机监控

(1) 设计要求：通过DDC（楼控工作站）完成对柴发供油系统的监控，监控内容包含：油箱液位、油罐液位、供油泵与事故排油泵启停、运行状态、故障报警等监控及控制。如图3-14及图3-15所示。

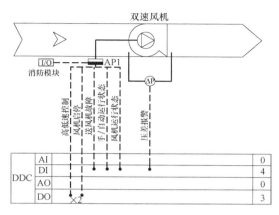

图3-13 平时消防双速风机自控系统图

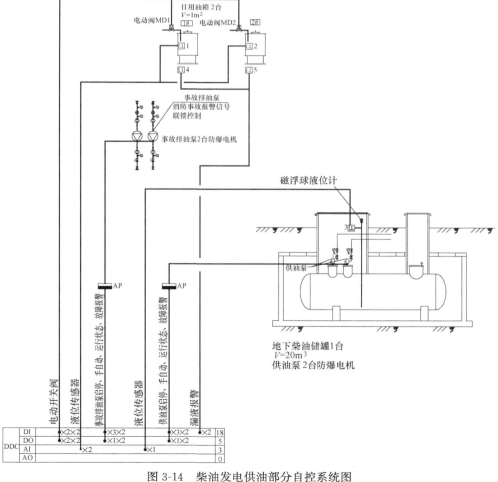

图3-14 柴油发电供油部分自控系统图

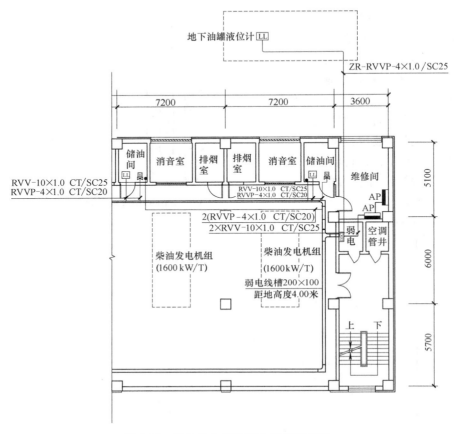

图 3-15 柴油发电供油部分自控平面图

(2) 日用油箱自控原理：

1) 日用油箱设远程液位计 LL1～2，液位指示将高油位、低油位报警的模拟输入信号，引至运维值班室，进而通过高低油位，控制进油管上的电动球阀 MD1～2 的关开，启动电压为 24V，故为数字输入及输出，供油泵与供油电动阀连锁，任何一个供油电动阀开启，则供油泵开启，电动球阀全部关闭后油泵停止运行。

2) 当油位距箱顶为 200mm 时，需高液位报警；当油位距箱顶为 100mm 时，关闭供油阀；当油位距箱底为 400mm 时，开启供油阀；当油位距箱底为 300mm 时，需低低液位报警。

3) 在日用油箱间内设置油箱漏油探测报警 LL4～5，以检测油箱是否完好，产品种类根据不同所检测的信号也不同，目前参考图仅显示种类为漏油的液位报警。

(3) 室外埋地卧式储油罐自控原理：

设置磁浮球就地和远传液位计 LL3，油位指标及高低油位报警，信号引至运维值班室，腰轮流量计信号就地显示。当油位距罐底 300mm 时，需低液位报警，当油位距罐顶 200mm，需高位报警。

(4) 柴油供油泵、事故排油泵控制柜自控要求：与常规配电柜自控要求相同，将启停机，运行状态，手自状态、故障信号等通过运维 DDC 引至相关配电箱。

(5) 由于楼控平面不是施工图设计的深度范围，所以本书不做详细介绍，仅列举平面示意，用以说明点表与平面的对应关系。

12. 液冷系统

(1) 功能要求：多用于数据机房的机柜制冷，极为大散热量的工作机房制冷使用，制冷原理是把冷水送达到液体冷却柜，先用柜内风机将热风从服务器后部抽到液体冷却柜中，而用液体冷却柜的内部水管制冷，产生冷却风，然后将冷风吹到服务器前部，而循环热水再回流到室外的制冷设备，通过这一过程循环往复，以达到制冷的效果。

(2) 自控要求：电动调节阀的开启关闭，模拟信号的输入输出，用于 CDM（数据中心）电动调节阀控制、位置，内部水管的流量、温度信号采集，模拟量的输入。

(3) 点表设计：冷却塔有供回水温度及流量的检测，液体冷却柜也设供回水温度及流量的检测，供水管上的电动球阀的关开，冷却塔风机配电设备及风机配电箱的状态及控制，如冷却水循环水泵故障、手/自动运行状态、冷却水循环水泵运行状态、冷水机组启停等，并对冷却水供回水水压进行监测。如图 3-16 所示。

13. 电力系统监控：

(1) 设计要求：满足供配电系统遥测、遥信的要求，在安全生产的前提下实现对电气设备和系统的实时监视和有效管理，监控内容包含：

(2) 设计内容：低压配电系统各断路器的开关位置信号、事故报警信号、故障跳闸信号，所有电气参数通过数字仪表采集输出；低压开关柜进出线回路电压、电流、有功电度、无功电度、谐波、功率因数等参数；UPS 的运行状况、事故报警信号、所有电气参数通过自带控制器输出；每组蓄电池电压、电流等状态参数；每只电池电压、内阻等参数。

(3) 总线及布线：

1) 总线：所有上述输出的数据接口要求为 RS-485 总线，电气监控方面 MODBUS 协议应用较多，相互配合。

2) 布线：用于传输温度等模拟信号考虑电磁干扰对于数据稳定性的影响，

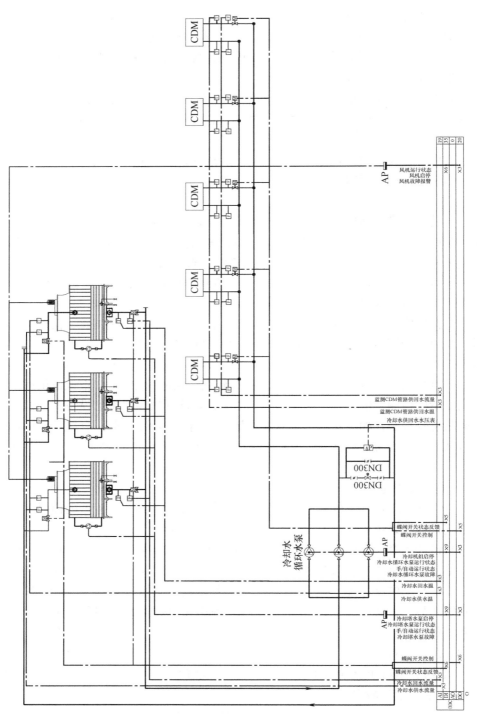

图 3-16 液冷系统换热自控原理图

建议采用屏蔽软护套线,如 RVVP-2×1.0。用于传输开关量信号及末端电源无此顾虑,则建议采用软护套线,如 RVV-2×1.0。

(4) 动力监控:每一回路通信线最多连接 8 个地址智能通信设备,且每一回路上所有设备建议是同一类型设备。

(5) 对于配电柜智能表的监控,动力监控主要对高低压配电变压器进线、低压出线、母联开关、重要负荷,输出等重要回路配电柜智能表进行监测,本项目由电力监控系统提供协议接口接入动环监控系统平台内,施工图设计中多可以不考虑,仅预留接口即可。以高压为例,配电系统高压所有断路器回路采用网络电力综合仪表实现所有开关量和电气量进行采集,隔离部分除外,智能网络仪表均采用标准的 MODBUS 通信规约和 RS-485 总线结构,如图 3-17 所示。

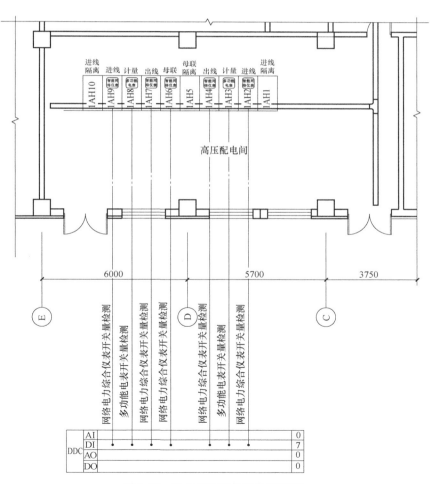

图 3-17 电力系统监控自控原理图

14. 动力机房环境监控

（1）设计要求：对重要机房内的温湿度参数进行采集和监控。

1）主要针对变配电室及 UPS 机房，如 UPS 配电室、电池室等区域的温湿度监控以及相关配套空调设备的运行状态、故障参数等。

2）重要空调机房的环境监控：如精密空调的运行状态及漏水报警传感器仪表的参数监测。

（2）数据总线接口：采集的数据经 RS485 总线或 MODBUS 总线上传至嵌入式服务器，嵌入式服务器进行数据、处理、存储等操作后，经 TCP/IP 协议上传至楼层交换机，然后统一处理后上传至核心交换机。

（3）布线：用于传输温度等模拟信号考虑电磁干扰对于数据稳定性的影响，建议采用屏蔽软护套线，如 RVVP-2×1.0，用于传输开关量信号及末端电源无此顾虑，则建议采用软护套线，如 RVV-2×1.0。如图 3-18 及图 3-19 所示：

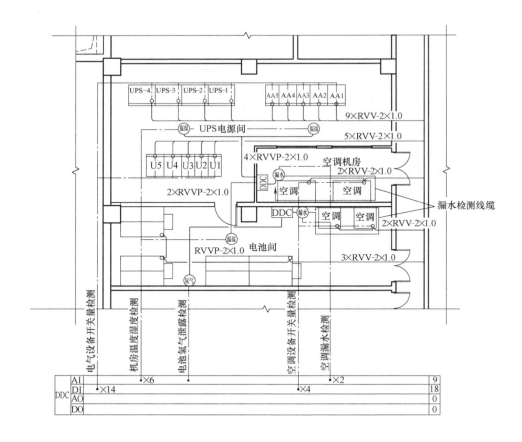

图 3-18 动力机房环境监控自控点表图

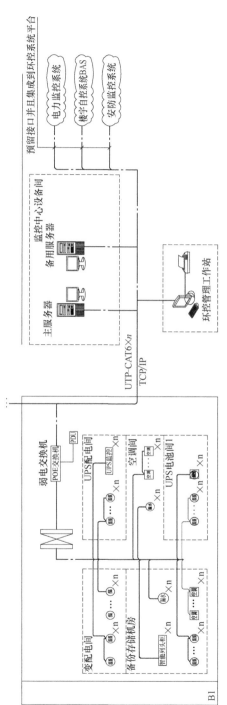

图 3-19 动力机房环境监控自控拓扑图

第四章 常见综合布线系统

一、综合布线系统概述

1. 楼宇综合布线系统的概念

综合布线系统是指按标准的、统一的、便捷的方式将建筑物内（或建筑群）各种系统的通信及控制线路，如网络系统、电话系统、监控系统、电源系统和照明系统等在一个平台上管理的系统。因此，综合布线系统是一种标准、通用的信息传输系统。随着科技与经济发展，目前民用及工业建筑对综合布线系统的集成化要求逐步提高，综合布线系统以从单一对数据，电话信号的传输，发展到对保安监控、楼宇自控等多种分散控制系统进行综合管理，如设备网等新的分支系统，又由于光纤的日渐普遍，出现了无源光网络系统等新的内容，未来弱电系统的核心将是在综合布线系统的架构下实现多种系统的资源共享、协调配合、相互联动。主系统集成度将会更高，子系统种类会更多，网络平台将会逐步统一。

2. 综合布线系统的结构

（1）工作区子系统；（2）水平子系统；（3）垂直子系统；（4）管理子系统；（5）设备间子系统；（6）建筑群子系统等。依据工程实际情况确定是否设置建筑群子系统，除此外其余五个系统为常设子系统。本书将通过对综合布线系统设计思路的介绍，针对目前几种常规的布线方式进行归纳总结，让读者对综合布线系统有初步的认识，掌握基本的设计方法。

二、综合布线系统设计深度

不同厂家网络设备特点会略有不同，系统深化需要专业厂家进行二次设计，所以电气专业施工图设计主要依据《建筑工程设计文件编制深度规定》（2008年版）4.5.11条，其中对于其他系统设计图深度要求如下：（1）各系统的系统框图；（2）说明各设备定位安装、线路型号规格及敷设要求；（3）配合承包方了解建筑设备情况及要求，对承包方提供的深化设计图纸审查其内容。其中第（1）、（2）点为设计点，第（3）点为配合点，针对设计点的要求本章将从综合布线系统的点位统计、线材选型、子系统构架模式、网络设备选型等进行重点介绍。

三、综合布线系统常用设备

1. 配线架

是用来方便系统管理的设备，常用的配线架有双绞线配线架（MDF 和 IDF）和光纤配线架（LIU），双绞线配线架的作用是在管理子系统中通过双绞线跳线交叉换位，实现物理地址端口的改变；光纤配线架的作用是在管理子系统中实现进线与出线光缆的连接。通过配线架的跳线功能避免了在交换机上插拔时可能引起的交换机端口损坏，通常在主配线间设置主配线架（MDF）和各分配线间设置楼层配线架（IDF），位置设置在交换机之后。

2. 路由器

当数据从一个子网传输到另一个子网时，可通过路由器的路由功能来完成判断网络地址和信息交换，因此路由器一般设于网络进户处，通俗理解其作用就是连接不同网段或网络之间进行翻译的设备，且功能比交换机更加丰富，价格也更昂贵，但相应端口较交换机少，交换速度较慢。

3. 集线器（HUB）和交换机（Switch）

两种设备的使用功能基本是一样的，原理完全不同。（1）集线器（HUB）是一种工作在物理层的设备，它并不提供数据交换的功能，它相当于一根线缆把各个网络用户连接起来，各用户共享带宽，所有设备相互交替使用，常用于局域网，由于有设备间通信会发生冲突，所以网速较慢。（2）交换机（Switch）是工作在第二层即数据链路层的一种设备，它根据地址对数据帧进行转发，能够为任意两个网络用户之间提供一条数据通道，即交换的功能，防止了冲突的产生，屏蔽广播风暴，能够满足目前用户对数据高速交换的需求，交换机可以通俗理解为依然是一根网线，但实现多个用户分别使用自己的地址上网，独享带宽，交换机一般设置于路由器之后配线架之前。（3）交换机堆叠：为级联的一种模式，将一台以上的交换机组合起来共同工作，尽量提供多的端口，提高了交换机端口密度和使性能得以提高，但投资却比大型一体式交换机要便宜，模块式的组装也更为灵活，考虑到堆叠的优势，在设计时核心交换机的配置可以优先考虑这种方式。

四、综合布线系统的网络构架

总体设计采用三层架构设计，即核心层、汇聚层和接入层的三层星型拓扑结构，当项目规模较小时，可以仅设置汇聚层和接入层的两层星型拓扑结构。

（1）网络中直接面向用户信息点的连接网络称为接入层，与之对应的交换机称之为接入层交换机，接入层的目的是允许用户信息点连接到网络，因此接入层交换机具有成本较低和端口数量多的特性。

（2）在接入层和核心层之间的网络部分称为汇聚层，与之对应的交换机称之为汇聚层交换机，为接入层和核心层之间的一个纽带，一般中小型工程入户交换机即为汇聚层交换机，与建筑群子系统的核心层交换机进行星形拓扑连接，汇聚层是多台接入层交换机的汇聚点，能够处理来自接入交换机的所有通信量，并提供到核心层的上行链接，因此汇聚层交换机与接入层交换机比较，需要更高的性能要求更少的端口。

（3）将建筑群或一个大型网络的主干部分称为核心层，与之对应的交换机称之为核心层交换机，核心层的主要目的在于通过高速通信，提供可靠的骨干传输结构，因此核心层交换机应拥有最高的可靠性和通信量。

五、常见综合布线系统设计思路

1. 主干铜缆加光纤类型系统

目前最常用的设计方式，整个布线系统选用星型结构。

（1）设备间子系统：1）语音及数据干线由外线引入至网络机房内，入户侧设置避雷器，防护雷电流的入侵。2）入户数据网络设置路由器，进行建筑物内外网络的数据交换。3）在路由器后设置网络防火墙，阻止网络病毒或非法信息的入侵。4）电话进线的音频信号进入程控交换机进行本地交换，网络进线的数据信号入核心交换机进行本地交换，交换后信号经跳线分别配入数据总配线架和语音总配线架。

（2）垂直子系统：1）垂直干线子系统数据部分采用多模光纤设计，主干速度最高可达 10G，根据其应用及传输距离等因素，采用 2×6 或 8 芯多模光缆。2）垂直干线子系统语音部分采用大对数 UTP 线缆，一般采用三类 25 对、50 对、100 对等大对数铜缆。

（3）管理子系统：即楼层配线设备，设于各层弱电竖井内，楼层光纤配线架进线如为 6 芯或 8 芯光纤则采用 12 口光纤配线架，如果考虑允余的情况，进线为 2×6 芯或 2×8 芯光纤时采用 24 口光纤配线架，其他情况以此类推即可。

（4）水平子系统：水平布线子系统采用超五类以上的 4 对 UTP 非屏蔽铜芯双绞线，当传输带宽不超过 250M 时建议采用超五类非屏蔽线，不超过 600M 时建议采用六类非屏蔽双绞线，由信息插座引至楼层弱电竖井处的楼层配线架（IDF）的配线，为达到语音与数据点的灵活互换的功能，建议语音及数据点均采用同种介质进行布线。但传输距离都不超过 100m，规范可见《综合布线系统工程设计规范》GB 50311—2016 中 3.2.2 条："布线系统信道应由长度不大于 90m 的水平缆线、10m 的跳线和设备缆线及最多 4 个连接器件组成"。

（5）建筑群子系统：由于单模光纤与多模光纤的主要区别在于单模光纤传输过程中不产生折射，所以传输的距离更远，造价也更高，所以各建筑物间传输网络信号一般建议采用 6 或 8 芯的室外单模光缆传输，既可以支持未来 10G 以上的网络应用，也与楼内传输速度保持一致。如图 4-1 所示：

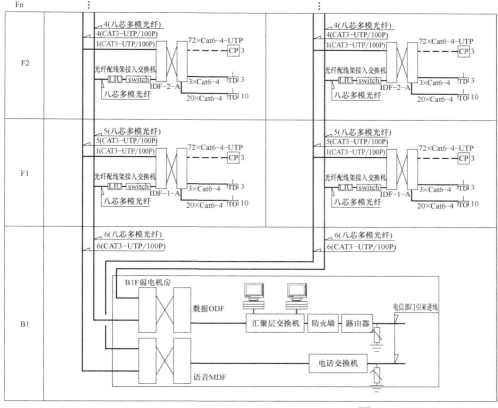

图 4-1 光纤及大对数电缆综合布线系统图

2. 设备网系统

为综合布线系统一种表现形式，大型公共建筑项目尤其是商业写字楼等由于内部的系统众多，一般将综合布线系统划分为两个独立的网络：信息网络部分、设备网络部分，将电话网络和安防楼控等分别组网，设置两套综合布线系统，信息网部分一般由通信运营商实施，施工图设计时预留管线和设备位置，由运营商进行深化设计及安装即可，而将数字视频监控、数字广播、信息发布、楼宇自控等物业自己控制的综合布线内容单独组成设备网，更便于系统的管理和维护，电话网络部分的综合布线同五、1 所述，不再另行介绍，设备网的综合布线系统需独立设置交换机及配线架，系统图构架如图 4-2 所示。

3. 无源光网络（PON）系统

一种新兴的布线系统，主要特点是全光纤系统及光纤到户。

（1）系统组成：主要由OLT（光纤线路终端）局端设备、ODN（光分配网络）交接设备和ONU（光纤网络单元）用户端设备等组成。

（2）组网形式：一般设备采用上层环形网络，下层设备采用树形网络，即主干节点（OLT）之间采用环形的组网模式，主干节点（OLT）至光纤网络单元（ONU）之间宜采用树形结构的组网模式。

（3）系统设计思路：1）光分配网络（ODN）不设置有源电子设备，分为光缆终端子系统、引入光缆子系统、配线光缆子系统、主干光缆子系统和中心机房子系统等五部分组成。2）建议使用单模光纤将语音、数据、电视等入户信号传输到OLT，然后OLT通过POS（光分路器）将光信号输入到ONU，POS是一个双向宽带的无源器件，有一个输入端和多个输出端口，实现多个用户同时共享一根单模光纤，ONU提供数据、语音等多种多媒体业务，在用户端用来接入最终的使用设备，如目前住宅的光纤入户就是PON的典型应用，其中光猫即为ONU，可见后文详述。3）一般一个OLT可接32个POS，一个POS分光器有从1∶2、4、8、16、32、64等多种，而ONU最大可接32个用户，因此，一个OLT最大可负载2048个ONU。如图4-3：

4. 无源光网络系统在住宅小区中的应用

PON结构在住宅中的应用，也称为住宅光纤入户系统（FTTH）。

（1）设计原则：每2000户左右考虑设置一个光纤交接箱，每30户左右建议设置一个光分配箱，每64户最少预估1芯光纤。家用ONU尽量安装在用户终端弱电多媒体箱内，入户光缆终端设置在箱内以加强对光纤接头的保护。

（2）不同类型住宅类型的设计思路：1）别墅小区：采用小区一级集中分光，每条链路只设一个分光点，由OLT分光器集中安装在小区的光交接箱内，各别墅统一由小区光交接箱单独配出，集中的分光对维护和故障检测较简单，故障面较小，但线路相对较多。2）小高层住宅小区：一级分光器集中安装在小区的光交接箱内，二级分光器设置在单元楼内，安装在住宅单元的光分配箱内，光分配箱一般设于单元弱电间，由光分配器箱内分光器配光纤给各户ONU，由于分光点较多，链路衰耗较大，且从光网络管理的角度上来讲，分光点较多且分散对维护和故障检测较困难。3）高层住宅小区：采用一级分散分光，将OLT分光器集中安装在单元的光交接箱内，光交接箱设于单元弱电间，楼内每隔几层（建议三层）设置一个光分配箱，光分配箱安装在弱电竖井内，由光分配器箱内分光器配光纤给本区域内各户ONU。如图4-4所示：

六、综合布线设备间的要求

1. 楼层接线间面积估算

（1）按0.6m×0.6m一个机柜的外形尺寸计算，考虑到背后开门检修的0.6m

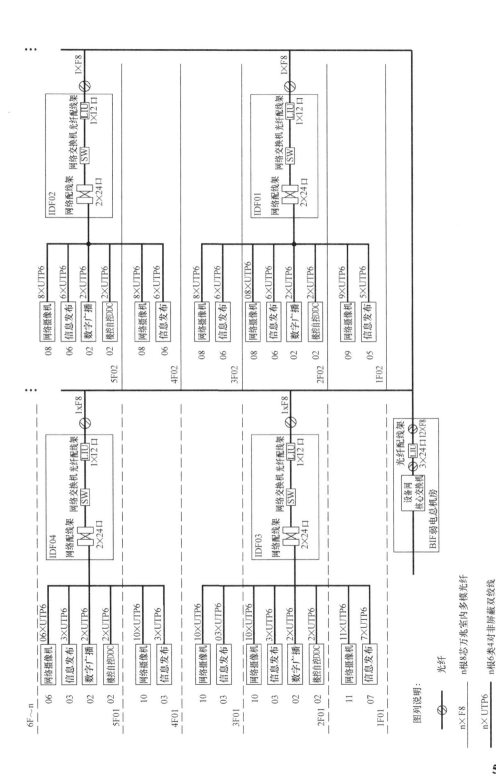

图 4-2 设备网综合布线系统图

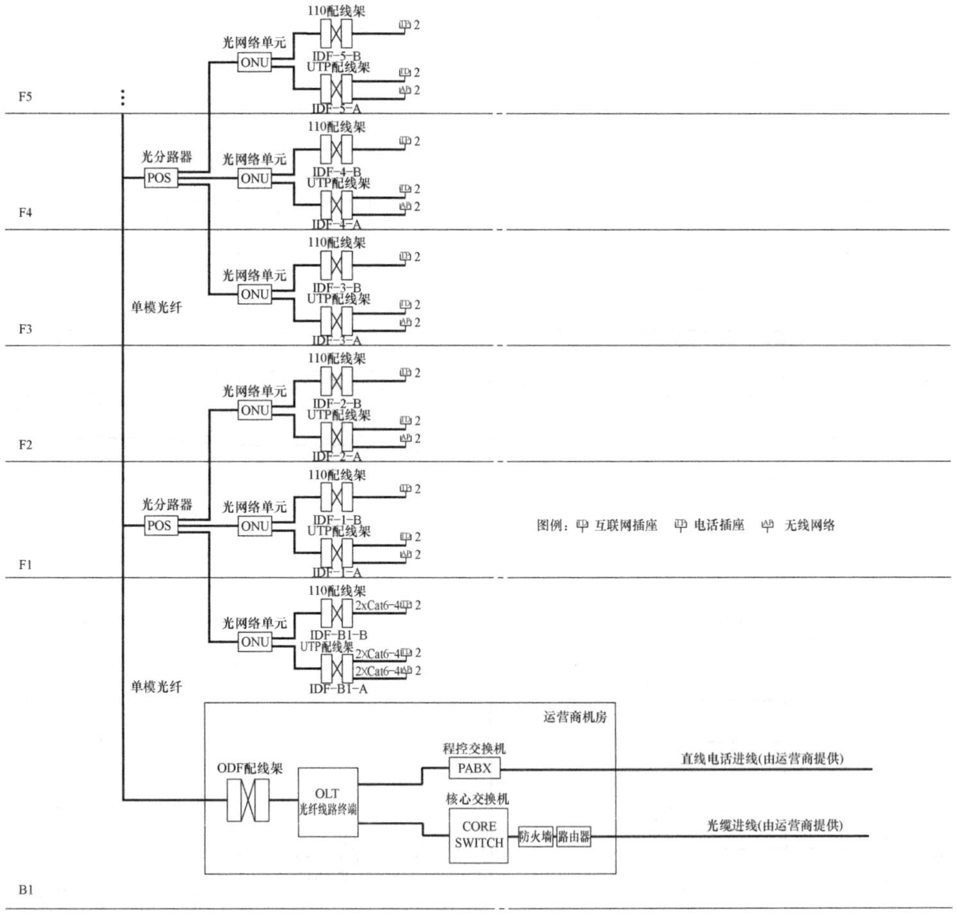

图 4-3 无源光网络（PON）系统

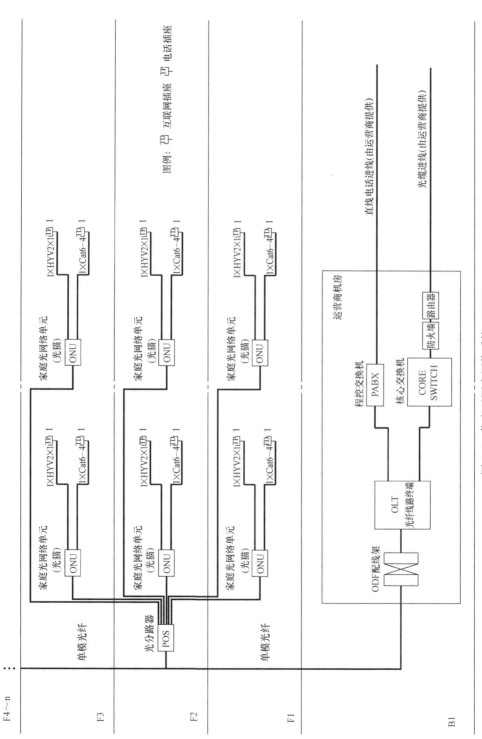

图 4-4 住宅无源光网络系统（FTTH）

空间，柜前 0.8m 规范要求，设备间按尺寸：为 0.6m＋0.6m＋0.6m＋0.6m＝2.4m 的宽向尺寸，0.6m＋0.6m＋0.8m＝2.0m 的进深尺寸，所以设备间净面积建议大于 $2\times2.4=4.8m^2$，与规范要求的不小于 $5m^2$ 接近，所以其建议尺寸是 $2\times2.5=5m^2$，方案阶段估算时也可以按一个机柜最小面积 $4m^2$，两个机柜最小面积 $5m^2$ 或弱电间占楼层总面积的 0.6%～0.8%的要求给建筑专业提资。

（2）以常用 42U 机柜为例，其中 1U 的高度为 4.45cm，42U 的高度在 2m 左右，故设备间的净高度建议不低于为 2.4m，门的大小建议为高 2.1m 宽 0.7～1m，向外开，如为双扇门建议为宽 2.5m。在设备间尽量将机柜放在靠近竖井的位置，在柜子上方宜装有通风口用于设备通风。

（3）PON 系统所需的 OLT 光交换机房：面积一般不宜小于 $10m^2$，宽度不小于 3m，机房梁下净高不低于 2.4m。

2. 电源

楼层配线间的一个机柜可以按一个机柜 1.5～2kW 进行预留负荷，主机房的核心层或汇聚层交换机可按每台 10kW 预留负荷，服务器可按每台 3.5kW 预留负荷，在楼层配线间内应至少设置两个为本系统专用的 220V 电压，电流 10A 单相三孔电源插座。如果配线间内放置其他网络设备，则应根据接线间内放置设备的供电需求，配有另外的 10A 单相三孔电源插座的专用线路。此线路不宜与其他设备合用，且优先采用 UPS 电源直接供电，以确保对设备的供电及电源的质量。

3. 综合布线或电信主机房

应综合考虑楼宇自动化（BA）、监控安防等系统的传输要求，结合工程的具体条件，统筹兼顾，综合布线总机房面积宜不小于 $50m^2$，中心管理机房由通信运营商完成二次设计和布置，一般项目按只有一家运营商来设计。

4. 机柜设置

每个 42U 机柜一般可以按不超过配出 250 个数据点进行估算，干线子系统考虑 10%的备用，如一个区域有 400 点的数据设备，需考虑普通两个 19 寸 42U 机柜。原理可见图 4-5 所示，示意图仅示意各模块常规所需尺寸，并非 42U，可见其中数据配线架 24 口的占用空间 2U，但需要考虑理线及散热的要求，一般会预留 2U 的空间，可用的空间也就 21U 左右，10 条配线架的空间，则 $24\times10=240$ 点，方便统计也就是 250 点左右，其余设备也可以依据图中尺寸自行进行估算。

5. 设备间数量

以半径 90m 和不超过 500 点来考虑设置一个设备间，如果超过上述要求增设一个。

6. 通风要求

一般可以按每小时换气五次给通风专业提供条件。

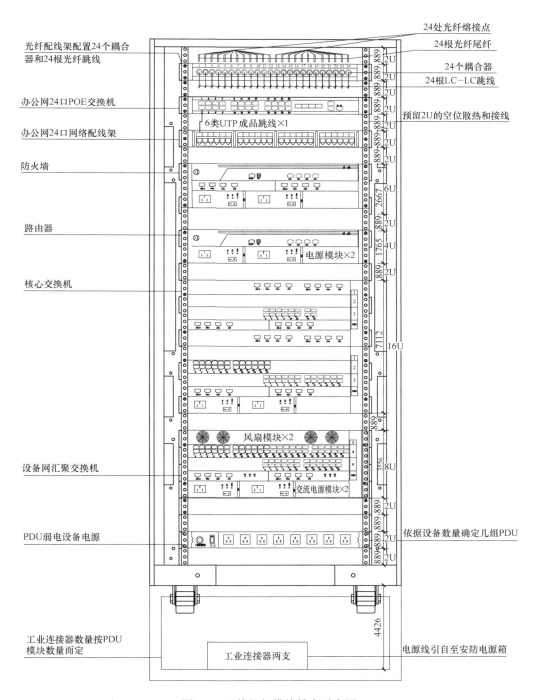

图 4-5 网络机柜模块排布示意图

七、综合布线系统数据、语音点位估算

估算主要依据建设方的设计要求或设计任务书，如无类似的建设方要求，作为概算条件或系统设备选择依据可按下述条件估算：

（1）商业类型：

1）商铺范围包括：零售商铺、餐厅、咖啡厅、健身、美容、娱乐等，可按一个商铺设置4个语音、1个数据点，可分隔出售的商铺按建设方设计标准预留点位，但预留至商业内部的弱电箱体内即可，不需单独绘制到末端；2）商场收银台设置4个语音3个数据点；3）展示区设置1个语音1个数据点；4）促销区设置2个语音2个数据点；5）消防控制室内除满足设备使用功能外，另外设置1个语音1个数据点；6）顾客咨询台设置2个语音2个数据点；7）后勤办公区区内工位设置1个语音1个数据点；8）复印区设置2个语音2个数据点；9）办公区会议室设置2个语音2个数据点；10）停车场收费处设置1个语言和1个数据点；11）在餐厅、咖啡厅及商场大堂及休息厅内按覆盖半径设置为无线网络接入点，方便顾客进行无线上网；12）大面积商业用房按每$50m^2$间两个电话点、一个数据点预留。

（2）住宅公寓类根据《住宅建筑电气设计规范》中相关要求设计点位即可。

（3）信息中心等数据设备密集场所：每$3\sim5m^2$设置1个数据点。

（4）会议、展览等建筑：每$16\sim25m^2$设置1个数据点。

（5）体育场馆、火车站、候机楼等建筑：每$100m^2$左右设置1个数据点。

（6）医院类型建筑：诊室一按每人一个数据点，每房间分配一个电话点；候诊区设置两组以上双口网络电话信息插座；挂号、收费、取药窗口一般每个窗口分配一个数据点和一个电话点；手术、重症监护等区域，建议每间设置四个以上数据点；病房一般床位分配一个数据点，每房间分配一个电话点。

（7）普通办公类建筑：每$5\sim10m^2$为一个工作区，每个工作区按1个信息点1个语音点（双出口信息插座）预留。

八、综合布线的布线系统

（1）根据TIA—568标准，由配线架至信息插座布线系统基本线路的最大长度为90m，算上跳线的距离的最大长度为100m，从插座到工作区可以有3～5m的距离。

（2）光纤的选择，以常规铜缆加光纤系统为例，如果水平子系统采用网线，配线架之前的垂直子系统建议采用多模光纤，如果系统只有数据和语音一般可以

按照：1对使用、1对备用、1对冗余来考虑，1对光纤为一进一出两芯，所以仅设置数据语音系统时，则最少要采用6芯多模光纤，对于重要的数据网络需要考虑双重冗余备份，即两倍冗余，则需采用8芯多模光纤；如果系统除了数据语音的要求还要考虑视频监控、数字广播、信息发布等系统的要求，一般是在6芯光缆的基础上翻倍使用，即最少采用两根6芯多模光纤，同理如考虑两倍冗余，即选择两根8芯多模光纤，此种做法比较有前瞻性，能满足未来发展的需要。

（3）线缆槽盒的估算：按设计末端的 n 根之和（网线或光纤截面之和）/50%（大对数电缆）或30%（单芯光纤线）取整数选取线槽即可。

（4）干线大对数电缆及多模光纤的设计：1）语音部分可以按1对线一个号码来计算，在这个基础上增加10%~20%的备用余量。2）数据部分可以按：集线器（HUB）或路由器（SW）每四组设置为1群，每1群采用一根8芯网线或是一对光纤输入，同时设置备用线一根，每48个数据信息插座建议配置2根光纤。例如，一条4芯光缆通过HUB可以连接96个数据信息插座。

九、综合布线设备布置

（1）信息及语音插座与其旁边电源插座应保持30cm的距离，如果信息或电源有一方采用了钢管，则距离可以缩小。信息及语音插座和电源插座的低边距地板水平面一般建议30cm。

（2）CP集合点的设置，用于大开间办公等一般采用设置CP集合点的做法，CP集合点可以为区域交换机也可以为网线过线盒，采用光纤配入至内置区域交换机或是大对数电缆配入过线盒内预留即可，一般设置于吊顶内，待二次装修时另行敷设配出管线至末端即可。

第五章 常见消防报警系统

一、消防报警系统概述

1. 概念

消防报警系统是由火灾自动报警及消防设备联动控制、应急照明等消防子系统构建的消防电气体系，自动检测并人工复核火情信号，可有效、可靠的配合消防灭火、消防排烟等相关专业的联动，共同组成建筑物自动灭火系统。自动报警系统由末端信号采集设备（探测器、手动报警按钮）、报警信息发出装置（火灾报警控制器、声光报警器、火灾应急广播、消防通信设备、疏散指示标志等）、末端联动设备（包括各种控制模块，实现对各种消防水泵、消防栓、防排烟风机、应急照明的启动和消防风阀、电动防火门、防火卷帘门联动，及电梯迫降控制和切除非消防照明等）及设备电源等组成。

2. 消防报警的设置依据

（1）高层建筑依据《建筑设计防火规范》GB 50016—2014 中 8.4.1~2 条的相关要求：二类高层公共建筑如没有大于 $50m^2$ 的可燃物品仓库和建筑面积大于 $500m^2$ 的营业厅，或高度不大于 54m 且无联动需要的高层住宅（规范为"宜"仍为建议设置）可不设置火灾自动报警系统，又见《民用建筑电气设计规范》JGJ 16—2008 中 13.1.3 条的相关要求：有消防联动控制要求的一、二类高层住宅的公共场所需设置火灾自动报警系统。（2）多层建筑依据《建筑设计防火规范》GB 50016—2014 中 8.4.1 条及《人民防空工程设计防火规范》GB 50098—2009 8.4.1 条等规定，按照建筑类型、产品危险、建筑面积、住宅层数等确定是否需要置火灾报警系统，常见建筑除 27m 以下（含 27m）的普通住宅外，其他建筑如达到设置要求均需设置火灾自动报警系统。（3）《火灾自动报警系统设计规范》GB 50116－2013 中 7.3.1 条相关要求：每间卧室、起居室内应至少设置一只感烟火灾探测器。综上所述目前要求设置消防报警系统的场所涵盖了潮湿场所外的所有公共建筑及居住建筑，随着电器的大量使用、装修材料的日新月异，消防报警系统变得越来越重要也日渐普遍，本章将通过探测器原理、设计方法、特殊系统几个方面来逐一进行介绍。

二、火灾探测器

1. 常见火灾探测器原理

(1) 感烟探测器：1) 烟雾粒子粒子进入检测电离室，使其空气等效阻抗增加，因而引起施加在两电离室两端电压的变化，改变电离室电离电流。2) 光电感烟探测器：烟雾粒子对光线产生散射、吸收原理制作的探测器。

(2) 感温火灾探测器：1) 双金属型定温：环境温度升高到一定值时，内置双金属片弯曲，使触点闭合。2) 易熔金属型定温：低熔点合金熔化脱落，弹性接触片与固定触头相碰通电而发出报警信号。3) 电子定温：热敏电阻随环境温度的升高，阻值会缓慢的下降达到预定的温度点时，电阻的阻值会迅速减小，使得信号电流迅速增大。4) 膜盒差温：温度快速升高时，密闭气室内空气由于受热快速膨胀，气室内压力增高，将波纹片凸起点与中心柱触点相接触。

(3) 火焰探测器：火光照射红外光敏感的元件从而将光信号转换成电信号。

(4) 红外对射光束感烟探测器：烟粒子的飘散使红外光束强度发生变化，常用为对射式。

(5) 缆式火灾探测器：为热敏电缆原理，线路上任何温度上升到其额定动作温度时，其绝缘电阻变小，此时报警回路电流增大，发出报警信号。

(6) 空气管线型差温火灾探测器：温度迅速上升，空气管内的空气受热膨胀，膜盒内压力增加推动膜片产生位移，动、静接点闭合，输出报警信号。

2. 探测器保护半径

(1) 鉴于规范中已有详细说明，本书仅列举最常见的屋面坡度小于等于15°的建筑，感烟探测器的保护面积：当空间高度为6～12m时，一个探测器可以按80m^2或6.7m半径进行设计，空间高度为6m以下时；按60m^2或半径5.8m进行设计；3m以下走道按半径不超过15m考虑；感烟探测器与墙端不大于7.5m。

(2) 感温探测器的保护面积：当探测面积小于等于30m^2时，一个探测器可以按30m^2或4.4m半径来设计，当探测面积大于30m^2时，按20m^2或半径3.6m来设计；3m以下走道按半径不超过10m考虑，感温探测器与墙端不大于5m。

(3) 探测器估算方法：一个探测区域内所需设置的探测器数量$N=S/KA$，S（探测区域面积），K（修正系数，容纳人数超过1万人的公共场所宜取0.7～0.8，容纳人数0.2万～1万人的公共场所宜取0.8～0.9，容纳人数500～2000人的公共场所宜取0.9～1.0，其余场所选1即可），A（保护面积）。

(4) 红外对射光束感烟探测器对射区域长度不宜超过100m，将探测器和反射器安装在距天花板距离0.5～1m处的相对两墙墙壁上，距离侧墙不小于7m，水平距离不大于 14m，距地不高于 20m。

(5) 缆式感温探测器区域长度不宜超过 200m。

(6) 空气管式感温探测器区域长度宜为 20～100m。

(7) 同防火分区两手报之间间距不大于 30m。

(8) 消防广播间距 25m，到端头不大于 12.5m。

3. 常见探测器的使用场所

(1) 无特殊要求场所一般建议采用感烟探测器。

(2) 火灾温升快、湿度大、常有烟停留、有大量粉尘及无烟火灾的场所，宜选用感温火灾探测器，如厨房、发电机房、洗衣房、开水间、吸烟室、锅炉房等。

(3) 当有燃气厨房、燃气锅炉房、柴油发电机房、燃气储罐等有可燃气体存在的场所采用可燃气体火灾探测器，一般可和感温探测器组合设置。

(4) 在高大空间，如展览厅、候机大厅、高大厂房等处，房间高度大于 12m 时，一般设置红外对射光束探测器，这类型场所可结合水炮的监控头进行设置。

(5) 在电缆隧道、电缆管沟、桥架内、夹层内等平时封闭性的场所采用缆式感温探测器。

(6) 存放文物、重要档案、重要数据机房等重要场所或是高流速、高度大于 12m、低温、人无法进入的恶劣场所，可采用吸气式空气采样系统，如对报警时间要求不太严格的重要场所也可采用气体灭火系统。

(7) 道路隧道及油罐类采用线性光纤感温探测器。

(8) 火灾发生时产生的烟少、温升快的场所，如各种燃料库、油漆库等采用火焰火灾探测器。

4. 常见探测器的配线

(1) 感烟探测器、感温探测器等配报警总线一对，一个探测器对应一地址。

(2) 水流指示器、信号阀组或无联动要求的阀门等设监视模块一只，报警总线一对。

(3) 地下车库等大面积场所仅需采集一个区域的信号时，可采用中继器带感温探测器模式，仅中继器占用一个地址即可。

(4) 可燃气体火灾探测器，红外对射光束探测器中的发射器设报警总线一对、电源线一对，红外对射光束探测器接收器仅设报警总线一对即可。

(5) 手动报警按钮需报警总线一对，如有电话插孔增设电话总线一对，对于消防专用电话每部电话需设置多线制电话一对。

(6) 消火栓报警按钮需报警总线一对。

(7) 消防广播需要设置广播模块，引至模块需消防广播总线一对，如果与平时背景音乐合用，模块另设一对背景音乐广播总线，由模块至喇叭为一对音频线，设置控制模块在消防状态时对广播模块的消防平时状态进行切换。

（8）各种需联动的阀门、配电箱体、卷帘门等设置控制模块需报警总线一对、电源线一对。

（9）楼层显示盘、声光报警等设备可不设控制模块，配报警总线一对、电源线一对。

（10）消防风机类直启线一般采用4芯控制电缆，应急启动和应急停止功能各2芯；消防水泵类直启线：同种功能的水泵组控制电缆要4芯控制电缆，应急启动和应急停止各2芯，例如：消防泵房设有喷洒泵和消火栓泵，则采用8芯控制电缆即可，如还有水喷雾泵则采用12芯控制电缆。

（11）火灾报警环形接线：环形接线即链式连接方式，报警控制器输出两根线报警总线返回两根报警总线，因此回路出现短路或断路故障时，系统可通过双向的信号传输保证回路中其他探测器正常工作，并迅速查找出故障点，增强回路的自我保护能力。

三、其他消防设备、机房及注意事项

1. 总线隔离器

（1）总线隔离器用在传输总线上，对各分支线作短路时的隔离作用，一般设于每层或一个防护单元的端子箱处。它能自动使短路部分呈高阻或开路状态，使之不损坏报警控制器，也不影响总线上其他部件的正常工作。

（2）总线输出距离不大于1000m，最多可接32个编码设备。

（3）一台报警控制器总报警地址点不超过3200点，单一总线不超过200点；一台联动控制器地址点不超过1600点，单一总线不超过100点，均预留10%的备用。

2. 区域显示盘及声警报器

（1）公共建筑中楼层显示器每层设置在楼梯或电梯口，住宅建筑可设置于每单元一层入口前室内。

（2）2013版《火灾自动报警系统设计规范》对声报警器进行强制设置要求，并与消防广播可轮换播放，可设置于各防火分区的疏散楼梯口附近。

（3）住宅在公共区域每不超过3层设置声警报器。

3. 设备机房

（1）单排火灾显示盘正面操作距离不小于1.5m，双列布置时不应小于2m。如果经常需要操作的设备面盘至墙的距离宜大于3m，设备盘面后的维修距离不宜小于1m。

（2）靠墙安装时，距地为1.5～1.8m，据门边0.5m，盘前操作距离1.2m为宜。

4. 各种阀门的消防联动

(1) 防火调节阀是安装在有防火要求的通风、空调系统的送回、风管道上，平时开启，火灾时当管道内气体温度达到70℃时，使阀门关闭，控制防火阀关闭的易熔合金，其动作温度为70℃，熔断后通过监视模块返回地址信号。

(2) 排烟防火阀一般为平时关闭和平时开启两种，具有手动、自动功能。平时关闭型在发生火灾时，火灾探测器发出火警信号，通过控制模块使控制器对电磁铁通电，使阀门打开，排烟口就近的墙面1.5m处还需要设置手动开启装置。平时打开型则安装监视模块即可，同调节阀类似，当温度达到280℃时，阀门自动关闭，阀门联动后，动作后可返回联动信号与排烟风机连锁，风机关闭。

(3) 正压送风口分为自垂和电动两种，电动正压送风阀平时是常闭的，根据送风需要设控制模块联动打开相应阀门，280℃时阀门自动关闭，自垂式百叶与消防报警无关，不需设置模块联动。

5. 各种设备消防联动

(1) 电动挡烟垂壁与防火卷帘：挡烟垂壁、防火卷帘与烟感探测器联动，当烟感探测器报警后，挡烟垂壁或防火卷帘通过设置在控制箱处的控制模块联动自动下降至挡烟工作位置；需注意疏散通道上的防火卷帘两侧分别设置感温和感烟，分两次动作降落。

(2) 电动防火门：发生火灾时，本防火分区两个感烟或一个感烟一个手报发出指令，通过控制模块使电磁锁动作常开门关闭。

(3) 电梯：客梯和消防电梯在发生火灾时，由设置在电梯控制箱处的控制模块发出指令，客梯全部降到首层，待梯内人员疏散后，自动切断客梯电源，同时将动作信号反馈至消防控制室；消防电梯降到首层后转入消防人员使用。

(4) 消防泵房：湿式报警阀组的压力开关设监视模块将报警信号传至报警控制器，同时需要湿式报警阀组压力开关配2芯电缆给喷淋配电柜实现直接启动。

(5) 照明控制：火警时通过控制模块驱动开关分励脱扣器进行动作，切断与消防无关的照明及动力，通过控制模块驱动接触器动作，强制启动应急照明箱的相关照明。常见消防报警系统如图5-1所示。

(6) 消防风机：现场手动启动，火警系统自启及手启，排烟口、送风口联动风机启动。

四、气体灭火系统

1. 设计依据：气体灭火系统的设置根据规范《建筑设计防火规范》GB 50016—2014中8.3.9条："下列场所应设置自动灭火系统，并宜采用气体灭火系统"，8)款为其他特殊重要设备室，条文解释中对于：高层民用建筑内火灾危险性大，发生火灾后对生产、生活造成严重影响的配电室等，也属于特殊重要设

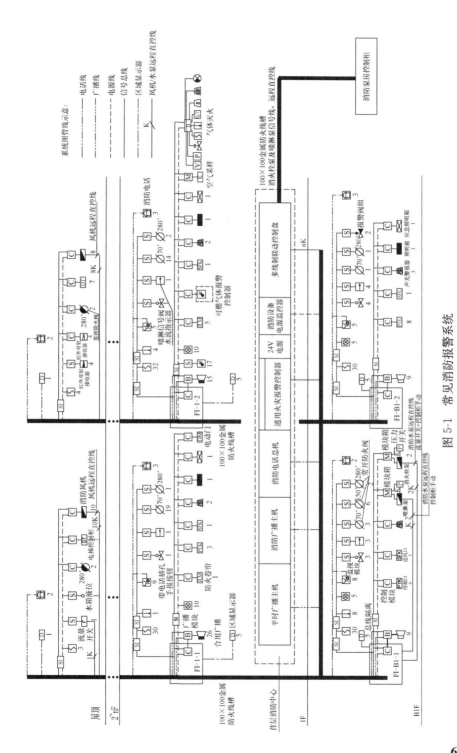

图 5-1 常见消防报警系统

备室，所以这一点在实际设计中所遇颇多，尤其重视，高层民用建筑的内部变配电室需设置气体灭火（为需重点重视的场所）。

2. 气体灭火系统的原理：在图书馆、计算机房、UPS电源间、电池间、存储机房、变配电室等设计达标的重要场所设置气体灭火系统（为常规设置场所）。根据空气采样早期烟雾探测器及感温探测器信号自动/手动启动气体灭火系统，经控制中心识别后由报警和灭火控制装置发出声光报警，下达联动指令，关闭联锁设备，应自动关闭空调送风及防火阀，应有30s延时，启动容器和分区选择阀，释放启动气体，开启各储气瓶容器阀，从而释放灭火剂，实施灭火；消防控制室应能显示系统的手/自动工作状态、显示系统防护区的报警、喷放及空调、防火阀的状态。在报警、喷射各阶段消防控制室应有相应的声、光报警信号，并能手动切除报警信号；灭火结束后，打开电动风阀，排出灭火气体。

3. 系统具有自动控制、手动控制和机械应急操作三种启动方式。

（1）自动启动：灭火控制器设置在自动状态时，若某防护区发生有烟雾，或温度异常上升，初期多是产生烟雾，该防护区的感烟探测器（气灭需要设置两种不同原理探测器）动作并向灭火控制器送入一个火警信号，灭火控制器即进入单一火警状态，同时驱动消防警铃发出单一火灾警报信号，此时不会发出启动灭火系统的控制信号。随着该防护区火灾的蔓延，温度继续上升，这时另一回路的感温探测器动作，向灭火控制器送入另一个火警信号，灭火控制器立即确认发生火灾，并发出火灾警报及消防广播，同时联动关闭送普通排风机和相关防火阀、防火卷帘等，这部分依据设备条件确定。经过设定时间的延时，灭火控制器输出信号启动灭火系统，灭火剂经输送管道施放到该防护区实施灭火，灭火控制器接收到压力信号器的反馈信号后显亮防护区门外的放气指示灯，避免人员误入。

（2）手动操作：气体灭火控制器可设置在手动状态下，在火灾发生时只发出火灾警报信号而不产生联动。外部设置自动转换装置，在值班人员确认火警后，按下气灭区域外灭火控制器面板上或现场的"紧急启动"按钮可马上启动灭火系统，在灭火剂喷放前按下灭火控制器面板上或现场的"紧急停止"按钮，灭火系统将不会启动喷放。内部同样需要设置手动自动转换装置，方便气体灭火结束后人为的确认，恢复为自动的模式，故内外均需要设置该装置（启停按钮），可参见《气体灭火系统设计规范》GB 50370—2005中5.0.4条："当人员进入防护区时，应能将灭火系统转换为手动控制方式；当人员离开时，应能恢复为自动控制方式"，同理状态显示的指示装置（火灾警报器）也是内外均需装设，可参见《气体灭火系统设计规范》GB 50370—2005中6.0.2条："防护区内应设火灾声报警器，必要时，可增设闪光报警器。防护区的入口处应设火灾声、光报警器和灭火剂喷放指示灯"，在国标图集《火灾自动报警系统设计规范图示》也有表示。

（3）当自动启动、手动启动均失效时，可进入气瓶间实施机械应急操作启动灭火系统。

4. 设备安装：在每个防护区设有空气采样早期烟雾探测器和感温探测器、

声光报警器,防护区域外设有气体灭火控制箱、手动放气按钮及手/自动转换开关、放气指示灯、声光报警器。紧急启停按钮应安装在防护区门外的墙上距地(楼)面高度1.3～1.5m处,注明安装应牢固并不得倾斜。消防警铃和放气指示灯应安装在防护区门外正上方的同一水平线上,间距一般是10cm。声光报警器一般装在防护区门内的正上方或防护区内显眼、无遮挡的位置,以便灭火剂喷放前提醒人员尽速撤离。如图5-2及图5-3所示。

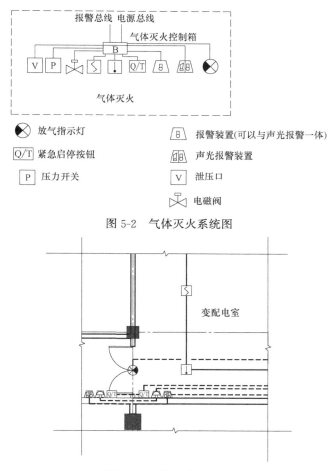

图 5-2 气体灭火系统图

图 5-3 气体灭火平面图

五、大空间智能型主动喷水灭火系统

(1) 使用在具有净空高大的室内大空间,民用和工业建筑物内净空高度大于8m,仓库建筑物内净空高度大于12m的场所,如会展、中庭、火车站,机场等场所，具体是否设置依据消防给水专业提供的设计条件为准。

（2）前端探测部分可采用双波段红外火灾探测器、光截面探测器、图像型火灾探测器三种火灾探测器，进行火灾探测，将采集到的信息送给控制中心。双波段红外火焰探测器是对红外辐射敏感的火灾探测器，适用于无烟火灾、产生明火以及产生爆燃的场所；光截面探测器是线型火灾探测器。适宜安装在发生火灾后产生烟雾较大或容易产生阴燃的场所，它不宜安装在通风速度较快的场所，在高度大于12m时，宜采用二层安装；图像型火灾探测器是一种基于红外和彩色图像火焰探测技术的复合火焰探测器，通过分析火源特性，能够准确地确定早期火灾的发生。在具体设计中，双波段红外火灾探测器、光截面探测器和图像型火灾探测器可以单独使用，也可以混合使用，应根据被防护场所的实际情况适当选择，以达到对防护空间全方位防护、合理布置的目的。

（3）工作原理：当探测器发现火情信号后，消防炮接到命令后，炮体承载红外火焰定位装置做扫描，发现火源后即发出火情信号，炮口立即停止转动，通过图像火焰定位装置的微调定位，锁定火源后，消防炮进行喷水灭火。在开启一只喷头、水炮的同时自动报警，扑灭火源后，探测器再发出信号关闭电磁阀，喷头停止喷水。如图5-4所示。

六、空气采样系统

（1）特点：报警时间早，可以比传统烟雾报警设备的报警时间早数小时，一台监视器一般可以输出四路采样管，采样管单根最长100m，四根总长不大于200多米，单管毛细孔不大于25个，最大保护面积不宜超过2000m^2，它还可以最多接4个可寻址回路，每个回路最多可以带250个设备，其中最多可连接125个点式探头，或125个控制模块。

（2）同一个防火分区内的采样点间距最大不应超过9m，最小不应少于1m。通常采样点间距为4m。

（3）空气采样探测器系统网络使用RS485环形网络结构，通过监控管理软件对探测器进行监控，网络具有容错功能，其中任意点断开不影响整个网络通信。

（4）空气采样采样点可以水平和垂直布管。

（5）20m以内的采样管制作支架，大于20m的采样管还需设置水平导轨，平面制图时采样管末端不要遗漏末端塞。

（6）需保证有两个采样孔在16m以下。如图5-5所示。

七、消防电源监控

1. 系统概述：

1）设计依据：消防设备电源状态监控器通过中文实时显示消防用电设备的

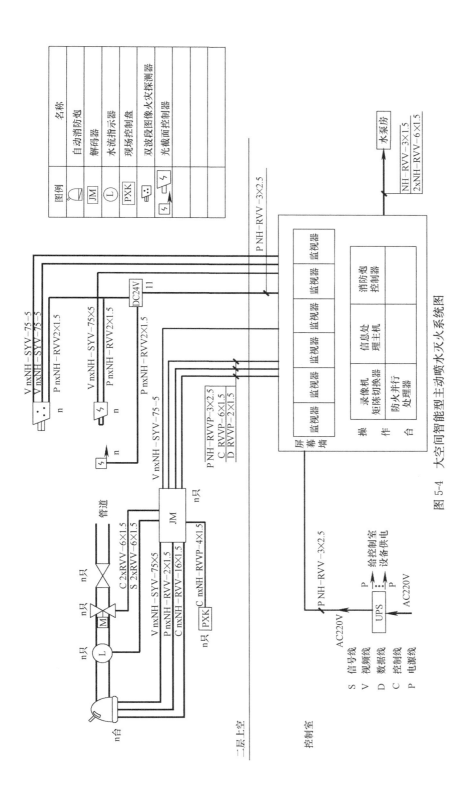

图 5-4 大空间智能型主动喷水灭火系统图

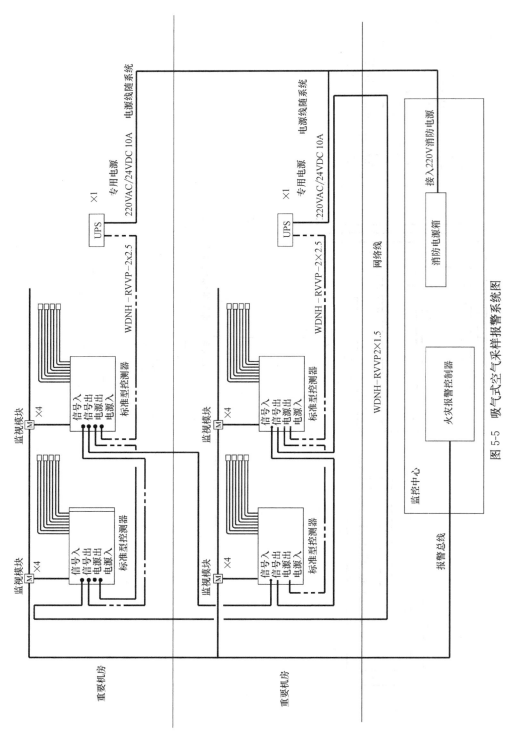

图 5-5 吸气式空气采样报警系统图

供电电源和备用电源的工作状态和故障报警信息，及被监测消防电源的电压、电流值，准确显示故障点的位置，出于《火灾自动报警系统设计规范》GB 50116—2013 第 3.4.2 条："防控制室内设置的消防设备应包括火灾报警控制器、消防联动控制器、消防控制室图形显示装置、消防专用电话总机、消防应急广播控制装置、消防应急照明和疏散指示系统控制装置、消防电源监控器等设备或具有相应功能的组合设备"。同样在国家标准《消防控制室通用技术要求》GB 25506—2010 第 3.1 条也有类似的相关要求。

2）系统要求：消防设备电源状态监控器专用于消防设备电源监控系统，并独立安装于消防控制室内，不兼用其他功能的消防系统，不与其他消防系统共用设备；能通过软件远程设置现场传感器的地址编码及故障报警参数，方便系统调试及后期维护使用。

2. 设备构成：系统由消防电源监控主机、消防电源监控信号传感器及电压、电流传感器组成，消防设备电源状态监控器在各类消防设备供电的交流或直流（包括主电源和备用电源）发生中断供电、过压、欠压、过流、缺相等故障时发出声光报警信号，并将工作状态和故障信息传输给消防控制室图形显示装置。

3. 探测器设置位置：原则上所有消防电源监控信号传感器均安装在配电柜（箱）内，这一点与消防报警的模块有所不同，虽然消防报警模块严禁设置于箱体内，但消防电源监控模块并无明确说法，其实原理和电压等级应该一样，可能该处要求未来仍会有所调整。消防电源监控模块要在消防动力及应急照明一级及二级配电箱、配电柜内设置，故只要是消防时使用的双电源箱体均需要设置。

4. 总线及布线：消防电源监控系统可采用标准工业总线连接，各信号传感器按手拉手放式连接，以保证通信可靠性，系统通信协议同样可采用 CAN 或 RS485 总线，仍然依据距离远近和设备要求进行取舍，消防电源监控信号传感器需同时接入通信及 DC24 控制电源回路，可采用通信线＋DC24V 电源线共管敷设。如：WDZN-RYJS-2×1.5＋WDZN-BYJ-2×2.5-SC20，前为低烟无卤的通信线，后为低烟无卤的直流特低压电源线。

5. 电源要求：系统主机安装在消防控制室，信号传感器的供电由消防设备电源状态监控器集中供给，主机自带 DC24V 应急电源，可以取自消防报警系统自备的 3h UPS 电源。消防设备电源状态监控器通过中文实时显示消防用电设备的供电电源和备用电源的工作状态和故障报警信息，以及被监测消防电源的电压、电流值，准确显示故障点的位置，消防设备电源状态监控器具有实时打印功能及记录功能，如可记录不少于 99 条以上相关报警故障信息，并在监控器断电后保持 14d，记录的相关故障信息可通过监控器或其他辅助设备查询，施工图设计时根据产品特点予以描述即可。

6. 系统设计：分为两部分，需要在消防电气系统图中表达模块安装，并有消防电源监控系统拓扑图，需注意由于是消防电源的监控，所以拓扑图中要注意不能出现普通电源的箱体。如图5-6、图5-7所示。

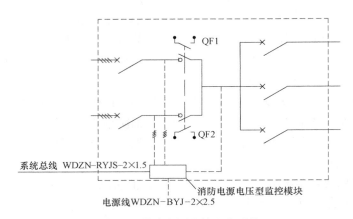

图5-6 消防电源监控配电系统

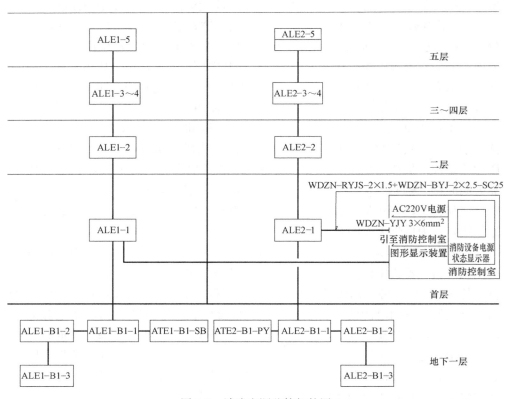

图5-7 消防电源监控拓扑图

八、电气火灾监控系统

1. 系统概述：

（1）系统功能：为准确监控电气线路的故障和异常状态，及时发现电气火灾的隐患，其工程设电气火灾监控系统，用于监测配电系统漏电状况，有效防止漏电火灾的发生。电气火灾监控系统在各区域根据配电系统的性质和用途设置配置安装监控探测器，以监测相应区域配电系统的剩余电流，当被测回路的剩余电流值超出设定值时，将采集到的剩余电流信号通过 CAN 总送线实时传送至消防监控中心主机并发出声光报警信号，但需要注意并不用于跳闸。探测漏电电流信号，准确找出故障地址，监视故障点变化。电气火灾监控设备上集中监控被测回路的漏电的电流值，当被测值超过设定值时，发出声光信号报警，报警值连续可调。电气火灾监控设备实时监控配电系统漏电及信息，显示系统电源状态。电气火灾监控设备同样需要具有记忆、存储、打印漏电及温度信息的功能。

（2）设计依据：可见《火灾自动报警系统设计规范》GB 50116—2013 中 9.1.1 条："电气火灾监控系统可用于具有电气火灾危险的场所"这话说重可重，所以各地要求不甚相同，以北京为例，则又有相关的地方标准予以着重要求，可见其"消监字〔2017〕53 号：北京市公安局消防局关于印发积极推进电气火灾监控系统安装应用实施意见的通知"要求北京地区必须设置该系统。

2. 模块设置位置：在配电系统中漏电可能性高的配电线路上，设置漏电监测点，电气火灾监控系统多在一级配电箱（柜）设置温度监控，出于《火灾自动报警系统设计规范》GB 50116—2013 中 9.2.1 条："剩余电流式电气火灾监控探测器应以设置在低压配电系统首端为基本原则，宜设置在第一级配电柜（箱）的出线端"。这是依据工程实际情况而定，如项目为高压进线，则设于变配电室变电室低压柜的出线回路；如为低压进线，则设于低压主进处；如项目较小，不单独设置消控室，则可在主进开关上采用独立式电气火灾监控探测器，前提为不超过 500mA，当回路的自然漏电流较大，在供电线路泄漏电流大于 500mA 时，采用门槛电平连续可调的剩余电流动作报警器或分段报警方式抵消自然泄漏电流的影响，即在其下一级配电柜的主进开关或是总箱的分支回路开关上分别设置剩余电流动作报警器，但是泄漏电流多减小，如为 300mA。

3. 总线及布线：电气火灾监控报警系统的导线选择、线路敷设、供电电源及接地，均按火灾自动报警系统要求设计，可参见 GB 50116—2013 中 11.2.2 条的要求，不同电压等级的线缆不同管敷设即可。电气火灾监控系统同前电气系统类似，可采用标准工业 RS485 总线或 CAN 总线连接，因需要测量，则线型为五类以上屏蔽双绞线（如 STP-CAT6）或是屏蔽软电缆（如 RVVSP）。

4. 电源要求：原则上所有监控模块均安装在总配电箱、配电柜内，则模块的电源可取自本配电箱、配电柜内进线侧的 AC220V 电源。而电气火灾监控系统主机安装在消防控制室，主机自带 DC24V 应急电源，备电时间可要求不低于 3h，与消防报警器要求的供电时间一致即可。

5. 系统设计：按照有关规范、规定要求，本着有效、节约、简单、合理的设计原则，与消防电源监控一样为两部分设计内容，需要在消防配电系统图中表达模块设置的示意，并在消防系统部分，单独绘制电气火灾监控系统拓扑图，需注意由于针对平时电源的监控，所以正好与消防电源相反，拓扑图中要注意不能出现消防电源的箱体，可见《火灾自动报警系统设计规范》GB 50116—2013 中 9.2.2 条："剩余电流式电气火灾监控探测器不宜设置在 IT 系统的配电线路和消防配电线路中"。报警系统拓扑图，需由中标厂商另行完成深化图的设计，可在说明中予以介绍，因为拓扑图确实太过简单不足以施工。

6. 控制器位置：剩余电流火灾报警系统控制器安装在消防/安防管理中心内，同样为独立子系统，可共享消防报警的网络平台，便于实现统一的管理。

7. 是否跳闸：防火剩余电流动作报警系统需按只报警不跳闸进行设计，与切非不同，因为重在检测和反馈，可见规范《火灾自动报警系统设计规范》GB 50116—2013 中 9.1.6 条："电气火灾监控系统的设置不应影响供电系统的正常工作，不宜自动切断供电电源"之所述。

如图 5-8 及图 5-9 所示。

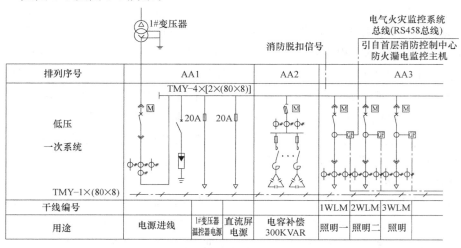

图 5-8 电气火灾监控配电系统图

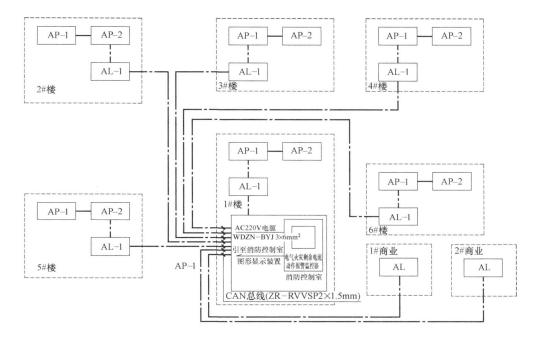

图 5-9 电气火灾监控拓扑图

九、防火门监控系统

1. **系统功能**：防火门监控系统可对防火门的开启、关闭及故障状态等动态信息进行监控，对防火门处于非正常打开的状态或非正常关闭的状态给出报警提示，使其人工恢复到正常工作状态，从而确保各个防火门状态正常；平时能保持防火门常开，可现场手动推动防火门，实现手动关闭和复位防火门，当火灾发生时接收火灾报警信号，自动控制顺序关闭常开防火门。

2. **设计依据**：防火门监控系统的设置根据规范《火灾自动报警系统设计规范》GB 50116—2013 中附录 A 的规定及 6.11.3 条："防火门监控器的设置应符合火灾报警控制器的安装设置要求"。等强条，应设置防火门监控系统。在北京地区尤其看重，消防部门有专门的文件，这里不述。并应符合国家标准《防火门监控器》GB 29364—2012 的规定，设计时一般标明必须具有国家消防电子产品质量监督检验中心出具的型式检验报告即可。

3. **防火门系统的联动控制设计**：应由常开防火门所在防火分区内的两只独立的火灾探测器或一只火灾探测器与一只手动火灾报警按钮的报警信号作为常开

防火门关闭的联动触发信号,联动触发信号应由消防联动控制器发出,并应由防火门监控器联动控制常开防火门关闭;疏散通道上各常闭防火门的开启,防火门的关闭及故障状态信号应反馈至消防控制室内防火门监控器主机,常闭防火门则简单得多,能够释放门磁即可,平时仅是状态监控。

4. 防火门监控器主机安装位置:在消防控制室,用于接收各防火门现场控制器反馈的开启、关闭及故障状态信号,显示并控制防火门打开、关闭状态;防火门监控器主机专用于防火门监控系统并独立安装,不能兼用其他功能的消防系统,不与其他消防系统共用设备。

5. 电源要求:防火门监控器主机应能记录与其连接的防火门状态信息(防火门地址,开、闭和故障状态及相应的时间等),并具有将上述信息上传的功能;由防火门监控器主机提供防火门开启以及关闭所需的 DC24V 电源,防火门监控器主机配有可靠工作时间的备用电源,供电时间不小于 3h。

6. 防火门监控器采用 CAN 总线或 485 总线,也可以监控主机与分机之间通过 CAN 总线通信,分机与现场器件采用 RS485 总线通信。监控通信线采用双绞线既可,与 DC24V 电源线也可共管敷设至现场的常开门或常闭门模块,如电源线采用 WDZN-BYJ 和通信线采用 WDZCN-RYJS 等,末端配线则根据功能有所不同,常开门的电动关闭需要采用闭门器,因为有供电的要求则为四芯线,信号及电源,而常闭门的门磁需要吸和,则与门禁功能一致,可参见门禁相关章节内容,两芯双绞线即可。如图 5-10 及图 5-11 所示。

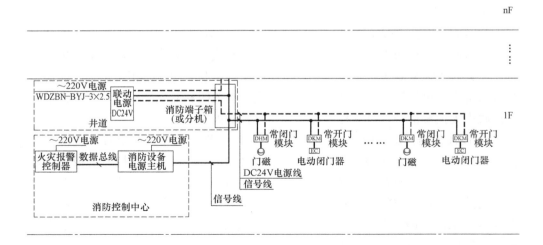

图 5-10 防火门监控系统图

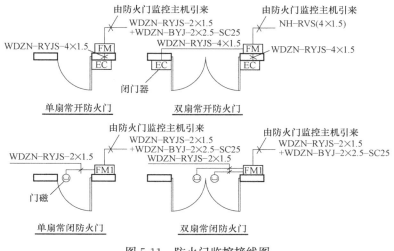

图 5-11 防火门监控接线图

十、预作用灭火系统

1. 与湿式灭火系统的区别：湿式系统管网中平时是有水的，需要时直接喷水。而预作用系统平时管网中是没水的。但传动管多是用空气代替的。

2. 规范出处：可见《火灾自动报警系统设计规范》GB 50116—2013 中 4.2.2 条："预作用系统的联动控制设计，应符合下列规定：联动控制方式，应由同一报警区域内两只及以上独立的感烟火灾探甜器或一只感烟火灾探测器与一只手动火灾报警按钮的报警信号，作为预作用阀组开启的联动触发信号。由消防联动控制器控制预作用阀组的开启，使系统转变为湿式系统；当系统设有快速排气装置时，应联动控制排气阀前的电动阀的开启"。

3. 预作用灭火系统是由雨淋阀和湿式报警阀上下串接而成，雨淋阀位于供水侧，湿式报警阀位于系统侧而成为预作用阀组。系统由预作用电动阀、水力警铃、压力开关、空压机、信号阀等组成，安装闭式洒水喷头，并以常用的探测系统作为报警和启动的装置。空压机是特别需要注意，容易遗漏设置，其作用为快速排气，平时该系统的系统侧管路内充气，所以该系统为干式系统，对于湿式报警系统管道的防腐蚀性更好，当发生火灾，所在区域的烟感探头发出火灾报警信号，火灾报警控制器在接到报警信号后，发出指令信号，开始启动空压机排气，打开雨淋阀，同时向系统侧管网注水，在闭式喷头尚未打开前，已然转变为湿式系统。之后则与湿式系统操作一致，水力警铃报警，压力开关动作，启动声光报警等，同时消防泵房可显示管网充水完成，当火灾继续发展，闭式喷头玻璃球到达破碎温度，喷水灭火。

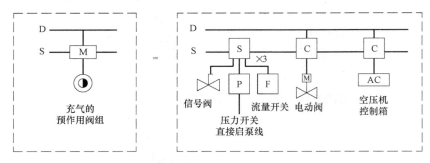

图 5-12 预作用报警阀组系统图

第六章 常见灯光控制系统

一、灯光控制系统概述

现代的商业、酒店、大型写字楼内部的灯光照明，由于照明区域多且面积大，灯光种类多，对于控制区域广、面积大、回路多、控制复杂且要实现灯光的定时开关、自动亮度调节等功能时，传统的灯光控制方式已不能满足现在的现代智能等控制要求。从实现方便、节能、集中、智能控制的角度出发，从系统设计、布线合理、施工便捷、系统兼容、操作方便等方面考虑，一般会采用灯光控制系统，灯光控制系统宜采用分布式集中控制方式，该方式由于灯控模块化设计使灯光控制系统硬件灵活更换，可节省投资成本和维修运行费用，以满足未来用户要求的变化，如增加控制节点或回路，只需做软件修改设置或增设灯控模块进行相应改造，就可以实现照明布局改变和功能扩充，提高了系统运行可靠性，系统内各控制单元的信息可独立存储，系统中某个单元故障时不至于使整个系统瘫痪。

二、灯光控制系统常用控制方式

（1）单个设备或灯具的控制：通过一个开关对需要单独控制的回路进行控制。

（2）群组控制：通过一个开关对一组控制回路的控制。

（3）模式控制：这种方式可以根据具体要求结合时间及用途对场所照明进行控制。

（4）调光控制：通过调光开关或与各种光线或气象感应器联动对照明和设备进行亮度调节控制。

这四种方式为基本控制方式，可根据具体情况，在施工后重新设定，系统还可以根据需要实现多地点控制、集中监视、集中控制等功能。

三、设计中常用总线的主要分类

1. 欧洲总线 EIB 总线

（1）EIB 总线起源：1990 年，由西门子公司牵头，联合其他六家德国电气产品制造商组成联盟，制定了 EIB 技术标准并成立了中立的非商业性组织 EIBA（EIB Associate，欧洲安装总线协会）。2001 年，EIBA 协会吸收了两家其他欧洲智能电气安装协会，在欧洲统一了智能电气安装技术标准，也诞生了全新的标准 Konnex，简称 KNX。EIB 系统结构如图 6-1 所示。

（2）EIB 总线作为目前比较流行的灯控系统，比较突出的特点是拓扑上的分层设计，以西门子 instabus-EIB 系统拓扑结构为例，每条线上最多 64 设备，每功能区上最多 15 条线，系统最多 15 功能区，容量可达到 14400 控制点。如图 6-2 所示。

2. Dynalite 系统

Dynalite 智能照明控制系统避免了中央集中控制的缺点。在 Dynalite 系统中的 DyNet 网络上，各模块只响应网络对该模块的随机"呼叫"，这就意味着在各种状态下，每个模块互不影响，保证系统具有高可靠性。系统的每个功能都独立地贮存于相应的模块中，这也意味着，若某个模块出现故障，只是与该模块相关的功能失效，而不影响网络其他模块正常运行，从维护的观点来看这种"独立存贮"的概念，既有利于快速故障定位，又提高了大型照明控制系统的"容错"水平。该种没有消防模块，不需要单独设置电源模块，共可容 64 个主干网，每主干网可连接 64 个子网，每个子网可连接 64 个模块。因此，Dynet 网络可连接 262144 个模块，大功率的调光器，尺寸较大。如图 6-3 所示，图中 DTK932V7 可理解为连接不同子网间的网关设备，构成主干网络，并可为 DMX 设备提供接口，主干网之间采用 RS485 菊花链式拓扑结构，DTK932V7 之后为子网设备，连接如灯控模块、墙控开关等设备，子网采用 Dynalite 屏蔽五类线，同为 RS485 总线结构。

3. 松下全二线

全二线照明控制系统是 2 根 AC24V 无极性的信号线，通过与这根 2 芯信号线上的各种输入、输出装置连接，达到照明设施的各种调控，本身也具有良好的灵活性和扩展特性，可随时依照空间分隔，灯具控制方式，来改变灯具回路的控制设定，可免除重新进行管线施工的困扰，且整体 2 根 24V 交流信号线贯穿所有部件，降低了在布线中所带来的成本和干扰问题。全二线照明控制系统通过触摸式开关发出脉冲信号，由 24V 信号线传送给传送单元 CPU，CPU 对脉冲信号进行处理，将信号传送给继电器控制 T/U，由 T/U 控制遥控继电器的动作，通过继电器的动作实现照明的开与关。同时所有开关都与信号线连接，可设定与更改所控制照明回路的地址，可不受物理位置局限进行照明控制。松下灯控继电器有 6A、20A 的，调光模块有 500W、1500W 的。控制原理接近于电气二次原理图的方式，控制性能和可靠性较高。松下全二线系统以灯光的开关及调光为主，也可实现空调、电动窗的控制功能。如图 6-4 所示。

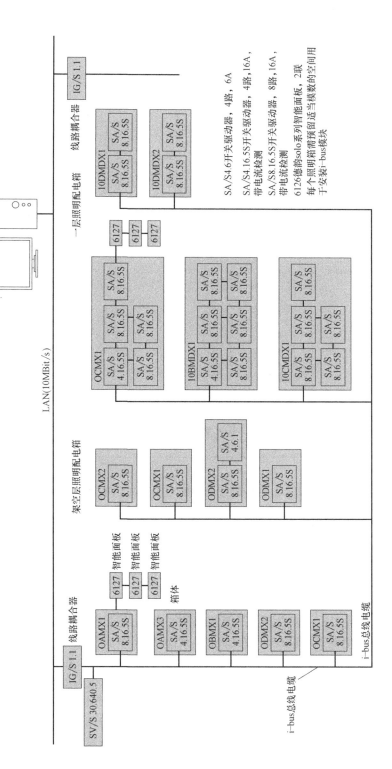

图 6-1 EIB 系统拓扑图（引自 ABB 灯控样本）

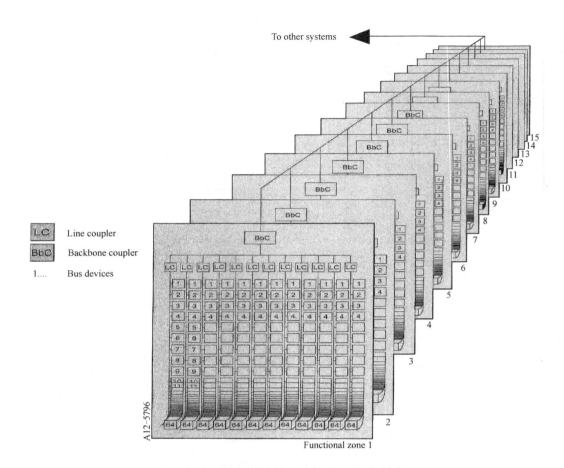

图 6-2 EIB 系统结构图（引自西门子灯控样本）

4. 路创智能灯光系统

（1）路创系统特点：路创的智能灯光系统采用总线式，分为两条总线，一条是连接调光箱的，一条是连接面板的，它的调光箱较大，有 800mm×500mm 左右，调光盘最大可控 32 路，开关盘最大可控 48 路，面板总线须采用厂家要求的线缆，否则未必达到设计要求，且每条面板总线只能带 32 个模块，一般的双绞线达不到这个数目。由于在开关子模块采用了软开关技术，在负载开关切换时，电流由固态继电器及串联的可控硅流过，当负载工作状态稳定时，转为普通机械触点的继电器流过，避免了固态继电器长时间工作发热及大功率负载切换时普通机械触点易受损的问题。路创 AC220V 常规照明的拓扑结构如图 6-5 所示。

（2）路创系统对 LED 的控制：当路创系统控制光源为 DC12V 的 LED 光源时，需设置 LED 专用的调光器、变压器及驱动器，调光柜敷设 AC220V 电源线、信号线至调光器，由调光器输送电源给 12V 变压器，变压器经过变压后提

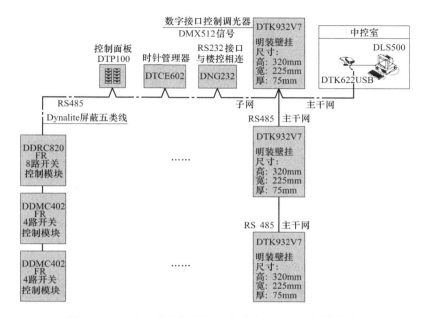

图 6-3　Dynalite 系统拓扑图（参考自 Dynalite 灯控样本）

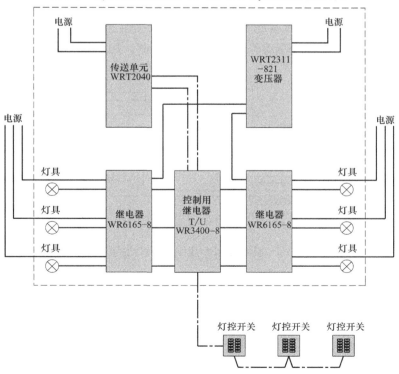

图 6-4　松下全二线系统拓扑图（引自松下灯控样本）

83

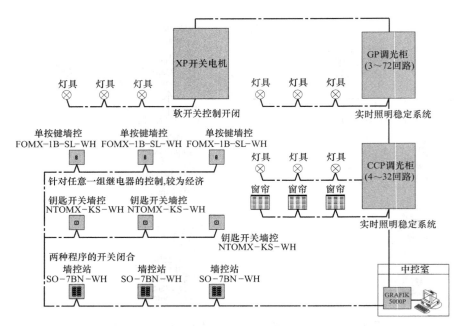

图 6-5 路创的智能灯光系统拓扑图（参考自路创灯控样本）

供 DC12V 直流电源给灯具驱动器，由驱动器供电给 LED 光源，同时调光器敷设控制线至驱动器，以实现驱动器对灯具的调光控制，如图 6-6 所示。

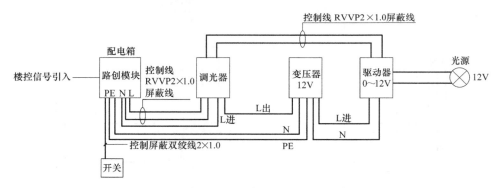

图 6-6 路创的 LED 智能灯光系统接线图

5. DALI 单灯控系统

（1）概念：DALI 数字式可寻址灯光接口（Digital Addressable Lighting Interface）是一个数据传输协议，它定义了电子镇流器与灯具之间的通信方式，数字照明控制国际标准，不归属任何一家公司，提供了一种简单的数字通信方式，控制简单灵活，还可以混搭不同厂家符合 DALI 标准的 LED 照明和镇流照明设备，与各种总线配合使用。

(2) 特点：1) DALI 的带宽是 1200bit/s，最大传输距离是 300m，最多可以连接 64 个独立节点或 16 组群，一个系统中可以有多个控制器。智能照明系统中，产品可以单独存储数据。每个灯具或灯点部分都有相应地址，它们会判断相应自己的数据，可以实现双向通信方式，便于判断产品故障点，为维修提供方便。2) 数字式可寻址：在 DALI 网络中，每个单元有自己独立的地址并可直接通信。3) 多通道控制：通过一对 DALI 网络中的控制电缆控制许多不同的组。4) 自通断控制：通过 DALI 控制系统中的命令对灯具直接进行关断，无需经过电源控制。5) 双向控制：用户通过控制器对系统进行操作，控制器向所有 DA-LI 镇流器发送包含地址和命令的消息，DALI 镇流器向控制器反馈状态信息。DALI 系统拓扑示意如图 6-7 所示。

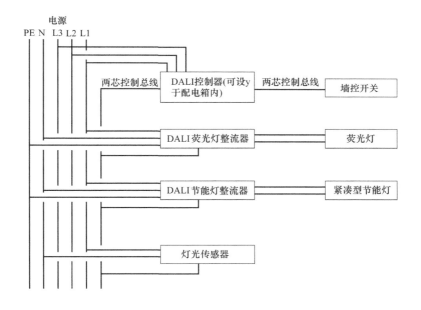

图 6-7 DALI 灯光系统拓扑图

(3) DALI 灯控系统设计思路，见图 6-8：

1) DALI 系统采用智能照明控制系统对回路控制区域进行开关控制，系统为总线式、模块化、全分布式控制系统。管理人员可以通过智能照明控制主机对照明进行集中监控，即箱体内设置灯控模块，对 DALI 驱动进行统一开关，也可通过现场开关对灯光进行局部开关。主灯如采用调光控制，则利用专用的 DALI 可控硅调光模块完成，而上述控制部分由照明控制器统一进行设定。

2) 总线采用 ZR-RVV-2×1.5 将其元件连成一个网络，布线时控制总线不与强电缆共用同一线槽，应将控制总线单独穿钢管敷设，并与电力电缆的水平距离至少大于 300mm。

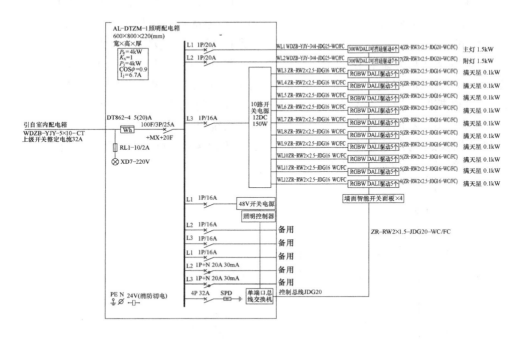

图 6-8 DALI 灯控配电系统图

四、灯控系统设计要求

1. 灯控系统建议设置的场所

(1) 大型会展及体育场馆等一般不建议设置墙面控制面板的大空间公共场所。

(2) 大型地下车库的一般照明。

(3) 大型商业及超市的一般照明。

(4) 户外道路及庭院灯具照明。

(5) 需要调光或智能控制的公共走道的照明。

(6) 办公类建筑中大开间办公区（可加入感光和时控的传感器）。

(7) 其余不方便现场控制的一般照明。

(8) 注意：三相灯具的自动控制：在大面积的三相灯具的智能控制中，不能简单采用灯控模块，因为目前多数灯控模块的配出都是单相的，所以三相灯具的控制需要以图 6-9 和图 6-10 的两种方式来解决：1) 通过灯控模块对接触器进行控制，以实现智能灯控。2) 采用灯控模块占用三相的方法，但此种办法需提前与厂家沟通，该做法不适合所有灯控厂家。三相照明系统图如图6-8、图6-9所示。

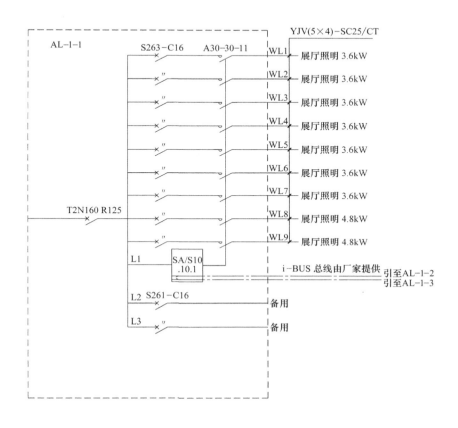

图6-9 三相照明系统图：通过灯控模块对接触器控制模式

2. 灯控系统的控制管线

欧洲总线系统线缆均为（J-Y（St）Y 2×2×0.8），邦奇和C-BUS等系统现在采用非屏蔽五类线或以上标准。

3. 灯控系统电源供给

灯控系统电源模块一个支路最多供给64个点如i-BUS，所谓点位是指独立拥有地址的控制单元，如灯控模块、墙面开关、各种传感器均算一个点位，每个域可接15个支路，总线可以接15个域。也有部分厂家如邦奇电子的灯控系统无灯控电源模块，其电源集成在控制模块之内，在系统图中就无需另行标注，需注意，如图6-11所示。

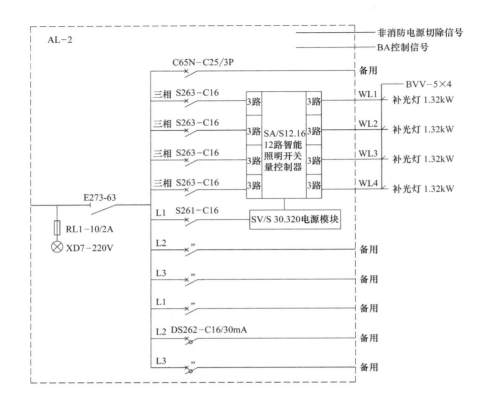

图 6-10 三相照明系统图：通过三相灯控模块控制模式

4. 灯控系统的传感器应用

各种场所采用何种类型探测器依据工程情况及建设方要求另行确定，主要应用如下：

（1）系统采用亮度感应器，通过亮度感应器来充分利用自然光，关闭室内的部分灯光或降低室内部分灯光的亮度，使室内的光线达到恒照度，从而很好地节约了能源。

（2）采用人体感应器，通过人体感应器来开关人所需要灯光的区域，当人进入某区域时，区域内的灯光打开，人离开区域时，灯光延时关闭。这样避免了能源的浪费，很好地节约了能源。

（3）气候中心及其传感器，气候中心把探测到的信号送给总线和楼控，利用气候中心可有效地利用自然条件，可节约能源。系统可根据天气状况来控制遮阳篷、窗帘空调等。

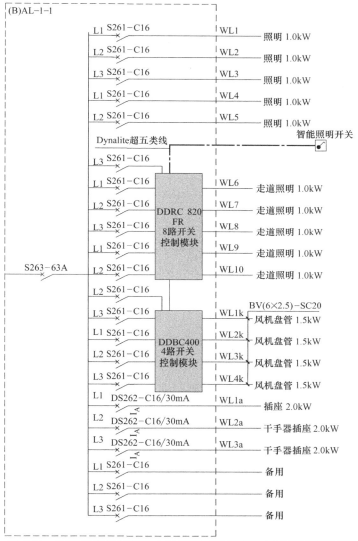

图6-11 电源设在控制模块内示意图（参考邦奇电子产品说明书）

（4）各种控制设备的控制：同楼控系统类似，灯控也可以通过于设备侧安装的流量、压力等各种传感器完成对各种设备的信号采集，并根据具体设计思路，采用通信接口送至楼控系统统一管理或由灯控系统实现对现场设备的检测及控制。电动阀及各种传感器的控制系统图如图6-12、图6-13所示。

5. 灯控与消防联动的接口

如以ABB的i-BUS为代表的欧洲总线单独设置应急照明模块，而Dynalite产品及C-BUS无应急照明模块，消防强起信号需通过辅助继电器来控制模块。应急照明系统图如图6-14、图6-15所示。

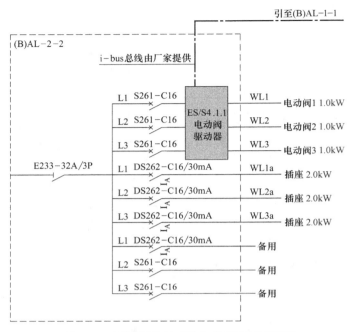

图 6-12　灯控系统对工控电动阀控制示意图

6. 灯控系统的调光

（1）如需要对荧光灯进行调光，则要求荧光灯镇流器为可调光镇流器，普通电子镇流器不具备调光功能。

（2）前沿调光：前沿调光器具有调节精度高、效率高、体积小、重量轻、容易远距离操纵等优点，在市场上占主导地位，多数厂家的产品都是这种类型调光器。前沿相位控制调光器一般使用可控硅作为开关器件，所以又称为可控硅调光器。可控硅调光器虽然电路简单、成本低廉，但由于可控硅开关时会产生较强的无线电干扰，若不采取有效的滤波措施，将会妨碍许多电器的使用，另外，可控硅调光器在开通时有一个很陡的前沿，电压波形从零电压突然跳高，这对白炽灯类电阻性负载的影响不大，但却不适合气体放电光源的调光使用，因为多数气体放电光源都需要驱动电路来配合工作，而驱动电路是一种容性负载，可控硅调光器产生的电压跳变会在容性负载上产生很大的浪涌电流，使电路工作不稳定，甚至造成驱动电路烧毁的故障，故前沿调光适合于各类阻性光源内。

（3）后沿调光：后沿调光控制器不能对白炽灯等阻性类型的光源进行调光，但对电子变压器类设备有较好的配合使用，所以在 LED 和紧凑型荧光灯方面也可以使用，最重要的是满足了气体放电灯的调光需要。调光器照明系统图如图 6-16、图 6-17 所示。

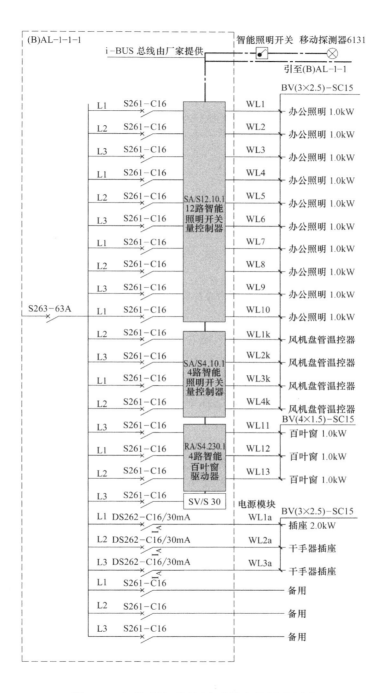

图 6-13 灯控系统对民用电动设备控制示意图

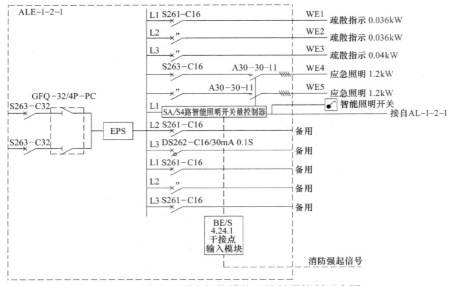

图 6-14 应急照明由灯控模块经接触器控制示意图

7. 灯控系统的节能效果

（1）采用场景控制功能，根据区域功能的需要，通过场景设置使部分灯光打开，部分灯光关闭，达到需要的亮度，这样很好地节约了能源。

（2）采用时钟控制，根据灯光开启要求、季节变换和节假日的特殊性，对灯光控制进行时间的控制，这样既能达到预期的效果，又能很好地节约能源。

（3）每个模块本身功耗极低，每个模块的本身功耗电流不超过 10mA，降低成本。

（4）通过遥控器或面板手动控制灯光的开关或调光控制，可以随意使灯光的亮度调到所需要的效果，操作既简单又方便，系统可根据室外光线强度对室内的灯光作出自动调节，恒定室内的灯光照度（调光）或开关灯光以达到节能省电和舒适的效果。

（5）红外线移动感应器感应人的移动和探测环境光线亮度值，当环境光线亮度值低于设定值并有人移动时打开灯光，当人在室内活动时，灯光持续打开，人离去后自动关闭。通过定时器定时开关公共部分的灯光和变换场景可实现复杂的定时开关功能（按周、年、节假日编排）。气象单元对风机盘管的智能控制如图 6-18 所示。

8. 灯控系统的优越性

（1）总线制，通过一条 EIB 电缆可将整个系统的所有功能连接起来。电缆少，降低成本。整个系统功能电缆连接少，每个功能均由软件控制，系统稳定，省维护易操作。

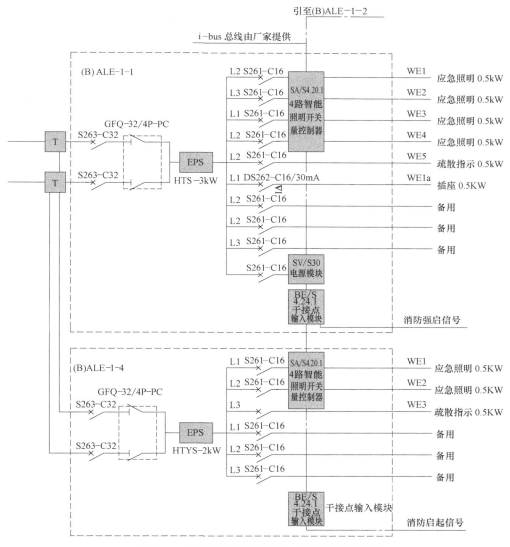

图 6-15 应急照明由灯控模块直接控制示意图

(2) 许多功能只需一个外部传感器，降低成本。

(3) 系统如需扩展功能时，不需改动原有电缆，方便快捷。

(4) 功能用途改变时，不需改动设备和电缆，只要修改参数即可，方便快捷。

(5) EIB 系统厂商的产品兼容，适合于小到私人住宅，大到宾馆、银行、办公大楼、机场、体育及娱乐场馆等各种复杂功能建筑。

(6) 楼控系统也可以实现灯光控制的要求，但由于灯控单控制点大约为楼控

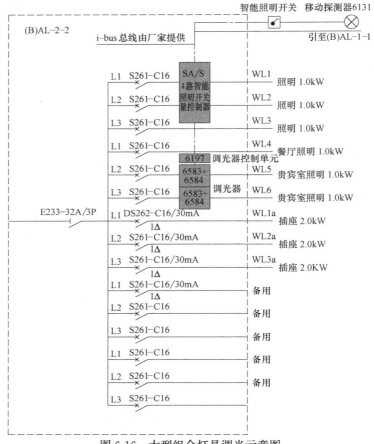

图 6-16 大型组合灯具调光示意图

单控制点造价的一半，所以在造价方面灯控有较大的优势。

9. 灯控系统的与楼控的兼容

由于多数灯控系统采用 RS485 总线或专用灯控总线，楼控多数为 RS232 总线或工业总线，一般采用增加网关后可以将灯控系统并入建筑物内的楼控系统，以满足使用的兼容性。

10. 酒店客房的控制

酒店客房的控制需要根据实际情况另行确定，RCU 可实现智能控制，也较为常用，但灯控系统同样可以实现酒店客房的智能控制，通过遥控器或面板手动控制窗帘的升降/百叶角度，可以随意使窗帘停到某个位置，操作既简单又方便。通过温控操作面板手动调节温度，使空调根据室温状况自动调节其风量的大小，操作既简单、直观又方便。根据室内是否有人来自动开关空调，根据温控的设定自动调节温度，使室内保持恒温，既舒适又节能省电。酒店客房内灯控如图 6-19 所示。

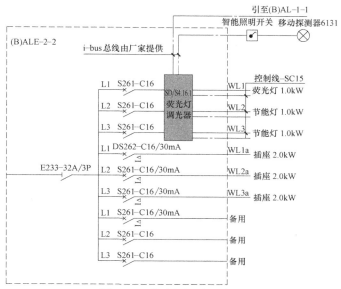

图 6-17 荧光灯调光示意图

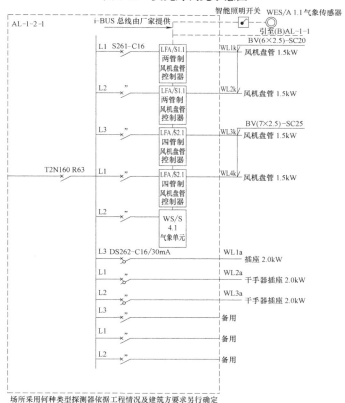

场所采用何种类型探测器依据工程情况及建筑方要求另行确定

图 6-18 气象单元对风机盘管的控制示意图

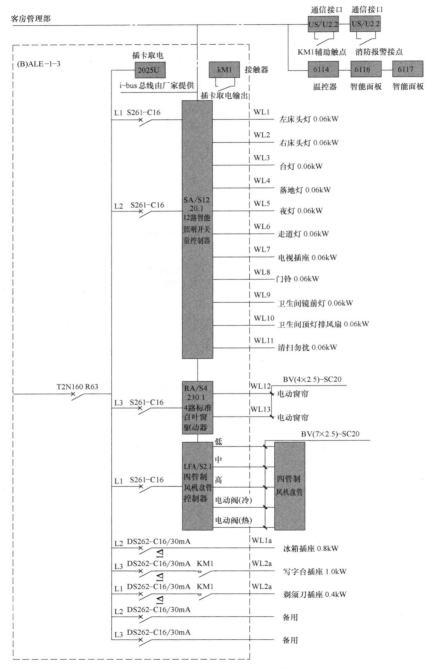

图 6-19 酒店客房灯控示意图

第七章 常见有线电视及无线对讲系统

一、有线电视及无线对讲系统概述

有线电视系统是指以线缆敷设方式（目前一般采用光缆为主要传输媒介），采用一套专用接收设备，向用户传送本地、远地及自办节目的电视广播系统，这种系统让曾经的楼顶天线林立的景象彻底成为了历史，也解决了天线接收电视信号时由于受外界干扰和建筑物反射等对收看质量的影响，如今随着三网合一政策的推出，智能建筑不仅要求有线电视系统满足接收传送广播电视的功能，还要满足传送其他网络数据、语音等信号的新要求，所以未来的有线电视将在网络及语音界面上日渐融合，最后成为一个系统。

无线对讲系统是保障建筑物或建筑群中物业人员在内部管理及维护、保安、消防、紧急事件时的无线通信系统。室内无线对讲系统是物业对建筑物高效管理的一种表现，也是保安管理中最简洁和可靠的一种通信手段，室内无线对讲通信的改善，对于物业应对突发事件、提高办事效率都有很大意义，合理的设计无线对讲系统不仅要使无线对讲信号有效覆盖所有建筑内所有区域，也要保证无线信号对人体健康的绝对安全，确保电磁辐射在安全的范围以内。

本章节将有线电视系统及无线对讲系统一并进行介绍，是考虑两种系统均采用放大及分配的原理，类似的原理让读者更易理解，且可使读者对存在信号放大的各种系统都能有一定的认识。

二、有线电视系统

1. 系统构成

有线电视系统由三大部分组成，由前端系统、干线分配传输系统、用户分配系统组成。

（1）前端系统包括：由室外引来的电视主干网，目前基本都采用光缆入户，由附近的本地有线电视节目源引入，进入建筑物时，在靠近建筑物的地方，应将光缆增设避雷器，并将电缆外导体接到公共接地装置上，入户光缆进入电视机房（一般同弱电机房合用）的光端机，机房一般设置干线双向放大器和分配器及电源等。

（2）干线分配传输系统常规采用 SYWV-75-9（或 7）屏蔽效果好的同轴视频电缆，敷设于建筑内垂直弱电竖井金属线槽内，弱电竖井内设置楼层放大器和楼层分支、分配器，楼层分配器箱根据内部设备的不同，如有放大器可建议选用 400mm×600mm×250mm，如仅有分支、分配器建议选用 300mm×400mm×200mm 两种规格来定义预留箱体尺寸。

（3）用户分配系统：早期设计一般都采用的是 SYV 型同轴电缆，随着对信号抗干扰能力的要求提高，目前多采用物理发泡技术的 SYWV 型同轴电缆，具有传输损耗小、较稳定、较可靠的优点，目前常规配线采用 SYWV-75-5 屏蔽同轴视频电缆，考虑到强弱电线路之间的信号干扰，建议线缆敷设在金属线槽或 JDG 管内敷设至各个有线电视插座面板，用户有线电视插座面板可参照强电插座安装高度的要求，建议安装高度设计也为 0.3m，从信号干扰考虑，距离强电插座 0.5m 左右为宜。

2. 分配网络设计

（1）主要设备：分配系统主要由干线放大器、支线、分配放大器、分支线、分支分配器、入户线、用户有线电视插座面板等组成，分配器的作用是将射频电视信号功率均等地分配给各路，由于分配器的输出端不能开路，分配器输出端设计时不常直接用于用户终端。分支器是将射频电信号功率不等地分配给各路，即有主路和支路之分，且支路有各种不同的衰减量。分配器的空余端口和分支器的输出末端，必须终接 75Ω 负载，否则信号会发生偏移，影响到末端信号的质量。分支分配器的选择及配置以满足用户终端电平在 80dB 范围以内。

（2）系统构架：一般采用：分配-分配、分支-分支、分配-分支、分支-分配几种方式组合设计，分配-分配方式常用于干线分配；对于楼层不高但单层面积的较大的建筑建议采用分支-分配的方式，即分段平面辐射型分配方式；对于单层面积不大，但是层数较多的高层建筑建议采用分配-分支的方式，是考虑到分配器箱位置每层相同，上下敷设一根管路即可，节省管路；如果线路较长或设备点分散的场所建议采用分支-分支方式。设计时需结合建筑形式和当地电视台的系统设置需求，来确定采用何种分配网络形式。如图 7-1 所示：

3. 双向邻频传输

双向传输即将分配系统设计为双向网络，以适应将来交互式电视系统和互联网络的需要，可实现用户点播等反向信号传输功能，要求选用双向干线放大器，双向分配放大器及高隔离的分支分配器及 SYWV 线缆满足电视图像的双向传输需要，依据"民规"的要求系统传输上限频率建议采用 862MHz，邻频系统的末端一般设计取 67±7dB。可见 JGJ 16—2008 中 15.2.6 条："A 类、B 类及 C 类系统传输上限频率宜采用862MHz系统"。

4. 卫星天线系统原理

宾馆类建筑会有卫星电视、有线电视、自办节目等几种不同信号的接入及混合，需要设置卫星天线系统，由卫星天线、高频头、卫星接收机等几部分组成。常见卫星电视从原理上分为模拟信号和数字信号两种：

（1）模拟型：接收的信号进行滤波发送至接收机，将接收机信号送至调制器，将基本的音频和视频信号调制成射频信号（射频信号原理参见1.7条中介绍），将调制后所得模拟信号与有线电视或自办电视的信号通过混合器混合以为一路信号进行分配，之后同普通有线电视系统即可，如图7-2所示。

（2）数字型：为数字电视的设计要求即为DVB-S（数字卫星电视广播）系统，数字卫星电视系统采用数字压缩技术及数字调制技术，接收信号通过功分器将一路输入的卫星信号均等的分成几路输出，分别送至IP流发射机，通过IP视频流发射机将音频、视频信号按MPEG2标准，经过滤波、压缩、编码，并与其他数据信息复用打包后下行传输TS数码流，将卫星电视、有线电视、自办电视各自的数字信号通过网络交换机进行数据交换，汇总至IP信号调制器（IP QAM）进行调制后再输出，经由混合器送至有线电视网，然后到终端用户，通过数字机顶盒自动解码和接收，如图7-3所示。

5. 放大器电平计算

放大器的最小输入电平可以依据公式 $U_{min}=C/N+10\lg n+F+2.4dB$ 计算，式中载噪比（C/N）要求不小于43dB，通常在系统设计时可以取 $C/N=44dB$ 或更高值为设计值，主流产品的一般噪声系数 $F<8dB$，如系统放大器串接级数 $n=3$，则 $U_{min}=44+10\lg 3+8+2.4=59dB$，即为了保证系统的载噪比指标，设置干线放大器时，应以输入电平不少于59dB为宜，由于示例为最低的载噪比取值，可以认为也是目前有线电视系统的放大器最低输入电平。放大器的最大输出电平可按下式计算：

$U_{omax}=U_o-10\lg n-7.5\lg(c-1)-0.5[CM-47]$ dB，通常系统交调比 CM 要求不小于46dB，设计时最小选 $CM=47dB$，本系统放大器最大输入频道数如为 $C=30$ 个，二级放大器后串接级数 $n=2$，放大器最大输出电平 $U_o=120dB$。则：$U_{omax}=120-10\lg 2-7.5\lg 29=106dB$。由此可见，虽然放大器最大输出电平 $U_o=120dB$，但当输入频道数量较多时，放大器实际输出电平应控制在 $U_o=106dB$ 范围内，这样才能确保系统不会出现调制干扰。

6. 分配系统计算

可根据用户末端电平值和放大器输出电平值去合理选配分支、分配器。

（1）分配器的衰减：设计时可按2分配器衰减4dB，3分配器损失常取值6dB，4分配器损失常取值8dB进行选取。

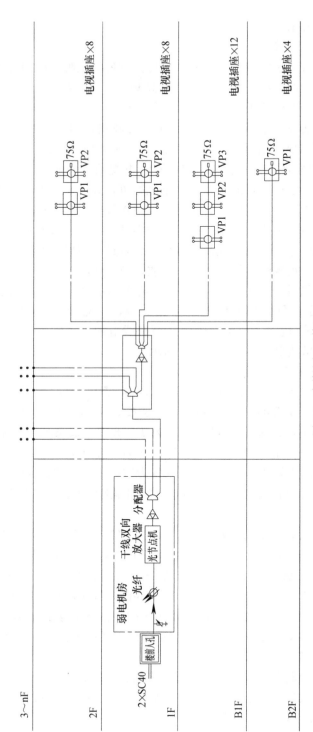

图 7-1 有线电视系统图

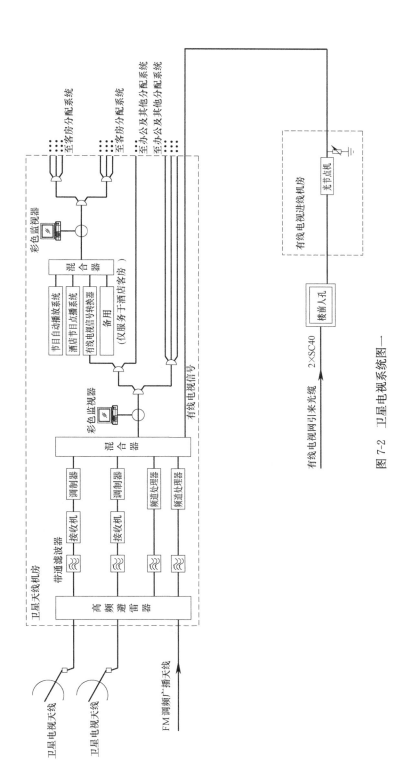

图 7-2 卫星电视系统图一

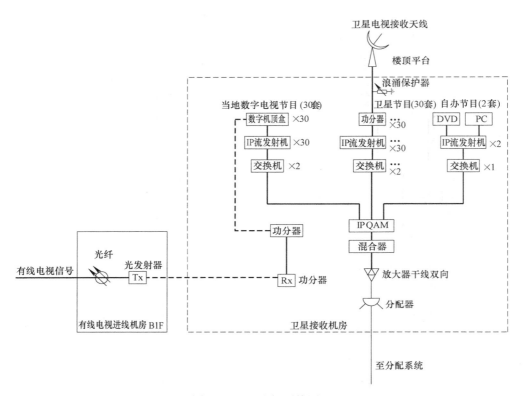

图 7-3 卫星电视系统图二

（2）分支器衰减分为插入衰减（主干输入输出两端）和分支衰减（去末端的），插入衰减一般不会超过 2dB，可按 2 分支器插入衰减 1dB，3 分支器插入衰减 1.5dB，4 分支器插入衰减 2dB 来考虑；分支衰减分为多档，每档级差为 2dB，可按最低档进行估算如 2 分支器 6dB，3 分支器 8dB，4 分支器 10dB 等。

（3）线路损耗为每 10m 1dB 进行考虑。

（4）需注意事项：分配器不建议采用四分配器以上的，因为四分配器每个输出端衰减 8dB，就不如用 3 分支器代替，3 分支器选取每个分支口分支衰减为 8dB，剩余一路采用主信号，插入损失仅比输入信号低 2dB，至少可以保证一路信号，相对设计合理。

（5）示例：以二、5 中 $U_o=106dB$ 的放大器输出为例，如接 3 分配器，其中分配的一路带有 4 个 4 分支器，线路长为 100m，则可以按 $U_a=106-8$（分配）-2（插入衰减）-2（插入衰减）-2（插入衰减）-2（插入衰减）-10（分支损耗）$-100×0.1$（线损）$=70dB$，符合 $67±7dB$ 的要求。

7. 有线电视系统线缆

（1）SYV-75 聚乙烯实心视频电缆，特点是采用实心聚乙烯材料作绝缘介质的同轴电缆，制作工艺简单、价格低、衰减大，曾经使用最为普遍，现在已不使用于有线电视系统，但由于 SYV 同轴电缆视频传输方式足够达到视频监控效果，不需要增加其他转换设备，所以多数使用在视频监控系统中。

（2）SYKV-75 聚乙烯藕状介质射频同轴电缆是半空气绝缘的电缆，传输损耗较低，重量轻，便于敷设安装，电气性能稳定可靠，适用于有线电视的传输系统，以前有线电视用 SYKV 较多，但考虑 SYKV 这种电缆容易受潮和老化，所以目前逐步被 SYWV 所取代。

（3）SYWV-75 型聚乙烯物理高发泡电缆是一种低损耗的电缆，它是通过气体注入是介质发泡，使绝缘介质内形成很小的相互封闭的气孔，由于发泡填充严密所以这种介质不易老化和受潮，它除了可以用于有线电视系统传输高频和超高频信号，也可用于数据传输网络，进行数据传输，为目前最常用有线电视系统线缆。

注：视频传输：点对点直接电缆视频信号传输是视频原始信号形式不作调制直接用电缆传输；射频传输是指采用前端调制、后端解调的方式进行视频信号传输。

8. 光纤网络电视（FTTH）

（1）什么是光纤网络电视：核心就是不再采用模拟视频线缆构成的广电网络，信号在光纤数据网络上进行传播，是光分配网（ODN）在有线电视中的一种应用。

（2）目前使用中常见两种情况：1）一种模式是完全利用宽带网络设备，不单独组建广电网，则有线电视系统不再独立，而与网络宽带共用一套系统，光纤入户后至光猫，信号通过网线或 WIFI 再至机顶盒，这里不详述，可参见综合布线章节的相关内容。2）另外一种模式是仍为广电部门组网，收发两端均设电视信号专用的光端机，设于弱电机房的光发射机对引入的电视信号进行发射，信号通过光放大器予以放大，放大后的信号通过分级的光分路器予以分配，如果工程较大，需要多级放大时，则可引入二级放大器，末端设置光接收器，光接收器的安装位置依据实际情况来确定，可设于弱电井道也可设于室内，光接收器完成光电的转化，配出同轴电缆至机顶盒或电视机即可。如图 7-4 所示。

三、无线对讲系统

1. 无线对讲系统的构成

（1）由供电部分、信道机部分、合路器、分路器、双工器、全向天线、线缆等设备组成，因无线对讲系统须在精装施工时确定全向天线、馈线等设备的位置和数量，施工结束后对根据实测无线信号再调整，故施工图设计仅需对系统功能表述准确即可，无线对讲系统需由专业厂家在装修阶段进行深化设计。

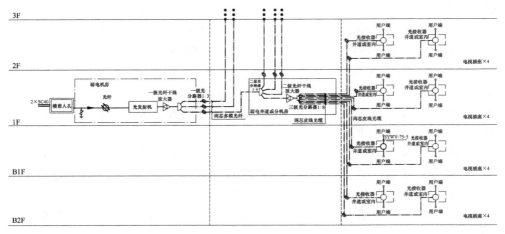

图 7-4　光纤网络电视系统图

(2) 天线设置场所：地下建筑结构复杂，面积较大，机房较多，无线对讲信号的传播相对困难且衰减较大，所以地下公共空间及车库建议分别安装天线实现全面覆盖，地面以上各层结构相对比较简单，在楼体的大堂、餐厅、电梯前室、楼梯前室和公共走廊等部分设置天线即可。在楼内走道和房间及无线 AP 信息点，使用 6 类非屏蔽网线进行数据传输并采用 POE 供电。在弱电间采用 POE 交换机提供数据传输和供电，POE 交换机采用 UPS 供电；在办公区域每个房间设置 1～2 个 AP 信息点；在大开间办公室根据面积设置 AP 信息点；在人多密集的区域，如会议室、报告厅等处设置高密型 AP 信息点，提高可接入网络的人数；在室外采用室外 AP 进行无线覆盖，室外无线 AP 采用室外单模光纤作为主要传输载体提高网络传输速率，达到无线整个覆盖所有区域。

(3) 天线辐射功率的上限参考数据：地面以上≤500mW，地面以下≤1W 考虑到天线对人体的电磁影响，需要严格控制在各层内的发射功率，同时为了避免在屏蔽机房内的信号减弱问题，设计在主要的大型机房建议提供专门的覆盖天线。在室外部分，为了避免对周围其他区域产生干扰，将控制室外天线功率覆盖建筑外边缘 50m 范围即可，在施工图设计时可将上述要求在说明中注明，以设定深化设计的范围要求。

2. 无线对讲天线的距离计算

依据无线电管理部门的设计要求设定天线的末端强度，如无明确要求不建议高于 15dBm，所以在施工图阶段需要大体估计出全向天线的设置位置，以期评估无线对讲使用的安全性，可以依据公式：$L=32.4+20\lg(F)+20\lg(D)$（式 1）进行计算，其中 L 为路径损耗（dBm）、F 为中心频率（MHz）、D 为天线间距（km），F 估算时一般可以按 GSM 网取为 800 或 1000（MHz），计算 L 时，可以依据无线信号所经历的各种材质进行逐减，可参考公式 $P-a-b-c-L<M$，其中覆盖电平 M 一般要求达到 -70～-90（dBm）（距离建筑内墙 2m 处>-70dBm；地下停车场>-80dBm；地面建筑外围区域>-90dBm），P 为天线端口增益，a～c 为各级厚度损耗：可参考下值：(1) 主体结构的厚度损耗（dBm）：混凝土墙：12～15，砖墙 5～12，玻璃 5～10，混凝土板 10～13，天花板 8；(2) 装修材料的厚度损耗（dBm）：木板 3.2，石膏板 0.1，砖（60mm）1.3，砖（含水）5.5，瓦（15mm）7.5，隔热玻璃纤维 34.1 等。示例：如信号经过混凝土墙 15dBm，内部砖墙 12dBm，天花板 8dBm，M（覆盖电平）选择 -80（dBm），P（天线端口增益）为 10（dBm）则代入 $P-15-12-8-L<-80$（dBm）中，无线对讲信号通过建筑的外墙、隔墙和天花板等的充分衰减后，可得出最小 $L=55$dBm，带入式（1），可得出天线之间 $D=20$m 为宜。

3. 系统设计

可以参考有线电视的系统构架，不同之处是无线对讲有分路器、合路器的使用，未来有线电视的三网融合也将是这种功能的延伸，主要设备如下：

(1) 双工器：双工器工作在两个频段，实现收发双工，收是一个频段，发是一个频段，可将接收信号耦合进来，又能将较大的发射功率馈送到天线上去，且两者在各自信道各自完成功能而不相互影响，在双工电台中起到收发共用天线的作用，可以按类似于有线电视系统中的双向干线放大器来理解。

(2) 分路器、合路器：合路器就是把几路不同的信号合成一路，不同信道分别分配给不同的部门使用，每个部门独立使用一个信道，共用一套设备系统，一般的损耗为 1dBm，分路器的功能则相反，不再另行叙述。

(3) 功分器：以按类似于有线电视系统中的分配器来理解，功分器对于信号同分配器一样是用于将一路信号均分为多路信号，起着功率平均分配的作用，常见的有二功分、三功分、四功分。

(4) 耦合器的设置原则，在末端及每个分支处可设置耦合器，可以按有线电视系统中的分支器来理解，耦合器则类似于二分支器，可以不等分的对信号进行分配。耦合器有三个端子，分别为输入、直通和耦合端，直通端可用于主干线路传输，耦合端用于接末端天线，根据输入与耦合端的功率差，分为 5dB、6dB、7dB、10dB、15dB 等多种型号，也可以根据直通和耦合端的比例，分为 1∶1、2∶1、4∶1 等多种型号。

(5) 放大器：用于对讲机系统中地下室、高楼等远距离或型号传输不畅区域，室内信号的放大，对讲机中继功率放大，小型工程可以不设置，类似于有线电视系统中的分配放大器。如图 7-5 所示。

4. 采用光纤的室外无线对讲系统

同普通无线对讲主机部分设计是相同的，主要是增加光纤的传输部分，射频

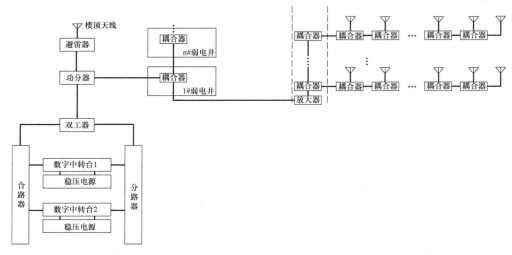

图 7-5 无线对讲系统图一

信号进入直放站近端机后，通过光电转化，将射频信号转化成光信号，通过光纤进行传输，通过 1 分 N 的光分器，将光纤信号分为 N 路，分别连接 N 个光纤直放站远端机，将光信号转化成射频信号后接入室内天线。如图 7-6 所示。

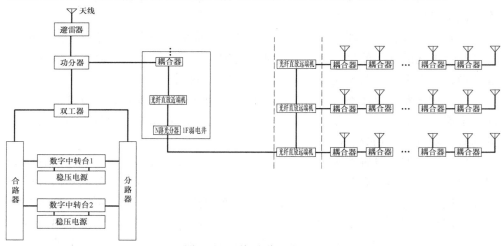

图 7-6 无线对讲系统图二

5. 无线对讲其他注意事项

（1）耗电量：系统的峰值耗电量一般不超过 500W，井道内预留普通电源插座即可。

（2）考虑到信号外泄的可能性，一般可按多天线小功率来进行设计，施工图设计如不进行估算，也可直接采用天线距离不超过 20m 的标准布点，主机距离靠外墙的窗边不大于 10m 进行设计。

第八章　常见信息发布、无线网络及会议系统

一、信息发布、无线网络及会议系统概述

本章介绍信息发布、无线网络、会议系统等三种与会议智能化相关的弱电系统设计，无线网络可以实现灵活的选择会议场地，会议现场网络信号的无死角覆盖；信息发布系统一般会设置于会议室门口或大堂显眼位置，可对各会议室的使用情况、会议主题及内容等进行摘要显示，除此以外也可以设置展示公司信息、业务办理指引、通知公告查阅等功能；会议系统在本书中主要介绍常规的功能，即可以实现电视会议、语音发布、视频显示、智能控制等要求，针对施工图的设计特点，着重表述施工图一次设计时的系统构架及系统图绘制理念，以区别与深化单位设计，下文将分系统逐一进行说明。

二、无线网络 WLAN 系统

1. 无线网络 WLAN 基本介绍

（1）WLAN 概念：称之为无线局域网，即无线设备通过多个基站（通常称为 AP）相互覆盖，通过无线连接构成一个完整的内部局域网，实现共享上网，共享文件的功能，局域网内的无线设备在同一基站下工作，共享同样的网段。

（2）常见系统框架：1）"胖"AP：又称为自主型设备，AP 独立工作并通过无线与用户进行数据接收与发送，每一个 AP 设备运行前需进行单独配置。2）"瘦AP"的概念，即以 WLAN 无线交换机（可称为 AC）为核心＋简单接入点（"瘦"AP）的集中控制型设备架构，在这种无线网架构下，利用 AC 实现控制管理等功能，AP 只实现的空口功能，完成无线电波的收发任务，所以成本较低，目前主流使用。

（3）设置场所：在各种公共场所或需要使用无线网络的办公及酒店空间，以本文着重说明的会议室为例，一般会需要笔记本电脑进行投影演示工作，或在会议室会谈时需要处理电子邮件或上网下载资料，均可以提供无线上网的服务。

2. 系统设计要求

（1）系统架构：以较常见的"胖"AP 为例，层 POE 交换机（也可以普通交

换机，根据设计需要进行选择）通过千兆网线接入到核心交换机；在房间或吊顶内设置无线 AP，所有无线 AP 可以通过无线控制器进行统一的管理。层 POE 交换机可以与视频监控、安防等共用交换机，如不采用 POE 交换机则可以与数据、语音交换机共用。

（2）单独 AP 式：一般普通办公环境，要求中低密度连续覆盖或者用户只要求对若干独立房间实现信号覆盖时，AP 的规划较为简单。比如小型会议室、小餐厅、独立办公室等区域，通常面积不大于 100m^2 时，每个场所设置一个 AP 即可满足覆盖要求，也称单独建设方式，不与其他无线信号进行合用。AP 设置的最佳点位如走道拐弯处、电梯前室、小型休息厅等场所。在大型会议室等高密度连续覆盖场所，建议使用较多的 AP，通过交叉覆盖以获得较大的网络流量。如图 8-1 所示。

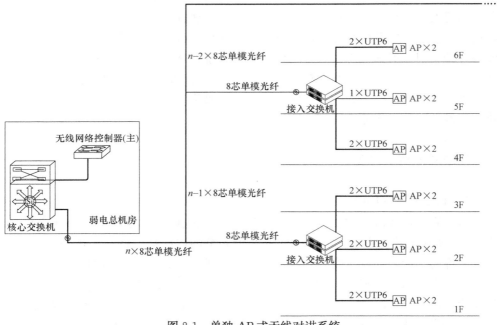

图 8-1 单独 AP 式无线对讲系统

（3）共用室内分布式：当建筑面积面积大于 100m^2 时，比如酒店的公共休息区、大堂、大型开敞式办公区域、大型中西餐厅等面积较大场所，每个场所设置一个 AP 未必可达到完整覆盖的要求时，则对于大面积空间或者建筑形式复杂场所建议采用共用室内分布系统，这种覆盖建设方式也可称为多网合一的室内无线综合分布系统，针对覆盖面积相对较大且 WLAN 与其他无线系统采用共用移动设备的建设方式，使网络的无线信号与 4G 通信、有点电视等信号通过合路器进行整合，将 WLAN 的无线信号通过合路器进入室内分布系统，各频段信号通过共用天线进行覆盖，业主根据需求分别提供给使用者。如图 8-2 所示：

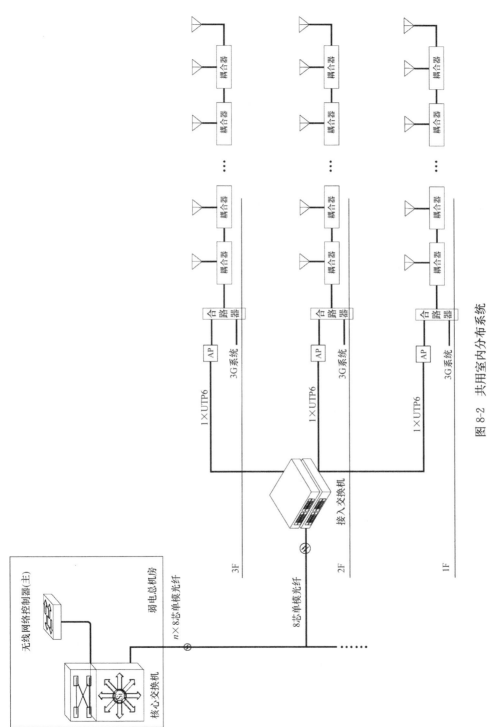

图 8-2 共用室内分布系统

3. 平面设计要求

(1) 单独 AP 方式，建议在每一楼层井道内放置一套 POE 交换机，在 POE 交换机处设置供电模块，利用网线给前端无线 AP 供电，根据 WLAN 的覆盖需求，由于无线信号的穿透受多种因素影响，如剪力墙和砌体墙的差别，墙体的厚度；木制门或是金属门，在通道转弯和拐角等建筑条件变化的场所，因此需要增加 AP 在一些无线信号穿透困难的场所，如在公共走道拐角处吊顶内，剪力墙密集的区域，电梯、楼梯前室处等公共位置布放，此外在办公楼的一些重要位置如董事长室、总经理室等，可靠性要求较高，需安装性能高的 AP 确保无线网络的稳定性。布线时缆线长度控制在 200m 的范围内，AP 安装位置的四周有无线对讲天线、变配电室之类的干扰源时，则 AP 距离相应干扰源 2～3m。

(2) 共用室内分布系统，采用大功率 WLAN AP 为信源，采用功分器、耦合器、馈线、天线等无源器件搭建 AP 分布系统，可参见图 8-2，AP 之间采用功分器或耦合器进行信号分配，无线 AP 通过现场电源或 POE 交换机供电，无线 AP 通过射频电缆配至走廊等公共场所的吸顶天线，每个天线相距 10～15m，每个天线覆盖 4～6 个房间，采用无线 AP 双路输出时可接 4～8 个吸顶天线能覆盖 16～32 个房间，距窗不小于 10m。

三、信息发布系统

1. 信息发布系统概念

用于数字化媒体内容发布及播出的系统，该系统可以替代张贴海报、播放录像等原有的宣传方式，将需要发布的信息以数字方式进行编辑制作，通过网络化的方式传输到指定的宣传发布点进行播出，并以信息化方式进行集中管理，在大堂、电梯轿厢、前室等处设置本系统。

2. 信息发布系统使用要求

(1) 信息发布系统使用场所：1) 政府机关：政策法规的宣传对外服务指引等、职能介绍等信息。2) 办公场所：公司新闻、公司介绍、会议内容介绍等。3) 银行：介绍理财产品、宣传银行业务、排队叫号等。4) 酒店：服务设施的介绍、天气预报等。5) 会展、影院、体育场馆：电影及演出介绍、展会导览、演出公告等。6) 学校：通知发放、教学安排、分数查询等。7) 商场：促销信息、商业宣传等。8) 医院：问诊指南、医院地图、科室信息等。9) 工厂：产品信息、订货内容等。

(2) 信息发布系统设置位置：大厅及入口、公共等候区域、会议室内/外、电梯间/电梯轿厢、餐厅/饭店、其他专用区域。

(3) 信息发布系统插座高度一般设于 1.8m。

3. 信息发布系统设计原则

(1) 系统一般由服务器主机、播放机、屏幕三部分组成，如末端数量多、工程规模大，则需设置核心交换机及楼层交换机，音视频信号以树干形式由楼层交换机进行分配传输，如果末端具备安装条件，则播放机可分散设置在各个显示屏幕附近，如显示屏背后、吊顶内或附近的弱电竖井内，但如果如现场不具备安装播放机的条件或是担心播放机被盗用时，可采用将播放机设于弱电竖井，通过视音频传输器将信号以发射器发出，现场接收器接收信号实现传送，两者之间采用六类以上非屏蔽双绞线作为传输介质，可将 VGA 视频信号和 AV 音频信号传输到不大于 500m 的远端，由于设置了视音频传输器，播放机可被集中放置在相对管理安全的封闭井道内，只把播放机的音视频信号输送到视音频接收器，视音频接收器与显示末端直接相连，接收器的体积要比播放机的体积小，所以更便于现场的安装，也保护了播放机的安全。具体设计时，可以根据业主的要求和现场条件选择设计思路，如果对于末端信号的稳定性要求高且具备安装条件时，可选择播放机现场设置，如对播放机的安全考虑更多或现场不具备安装条件时，可选择视音频传输器的方式。

(2) 注意事项：当系统中存在触摸屏、一体机等末端设备时，需采用数据信号的网络线直接由交换机进行分配，不再设置播放机。分别如图 8-3、图 8-4 所示。

四、会议系统

1. 会议系统概念

会议电视是利用多媒体技术，通过中央控制器对各种会议设备及会议环境进行集中控制，建立于同一网络通信平台的一种多媒体现代会议系统。1) 如召开电视会议，处于不同地点的与会人员，可以听到会议室内的发言，可以看到会议室内的动作，并可以同步进行参与，显著提高工作效率，加快计划下达的速度，达到与会人员在同一处参加会议的效果。2) 如仅召开内部会议，通过会议系统主机，可以选择会议模式，并通过的扩展增加特别的功能；通过调音台处理声音，防止音频啸叫，控制各发言单元语音开启关闭；通过集成化的设计使所有会议设备有机地结合在一起，从而增加了主持人对会议的控制；通过液晶平板电脑直观的调节设备，使烦琐的设备控制变得简便、快捷。

2. 会议室设计的电气要求

(1) 水平工作面计算，可距地高度为 0.8m 考虑，会议室中光源建议采用三基色日光灯，色温的选择应当与会议室的色调合理配置，3500K～4000K 为宜。

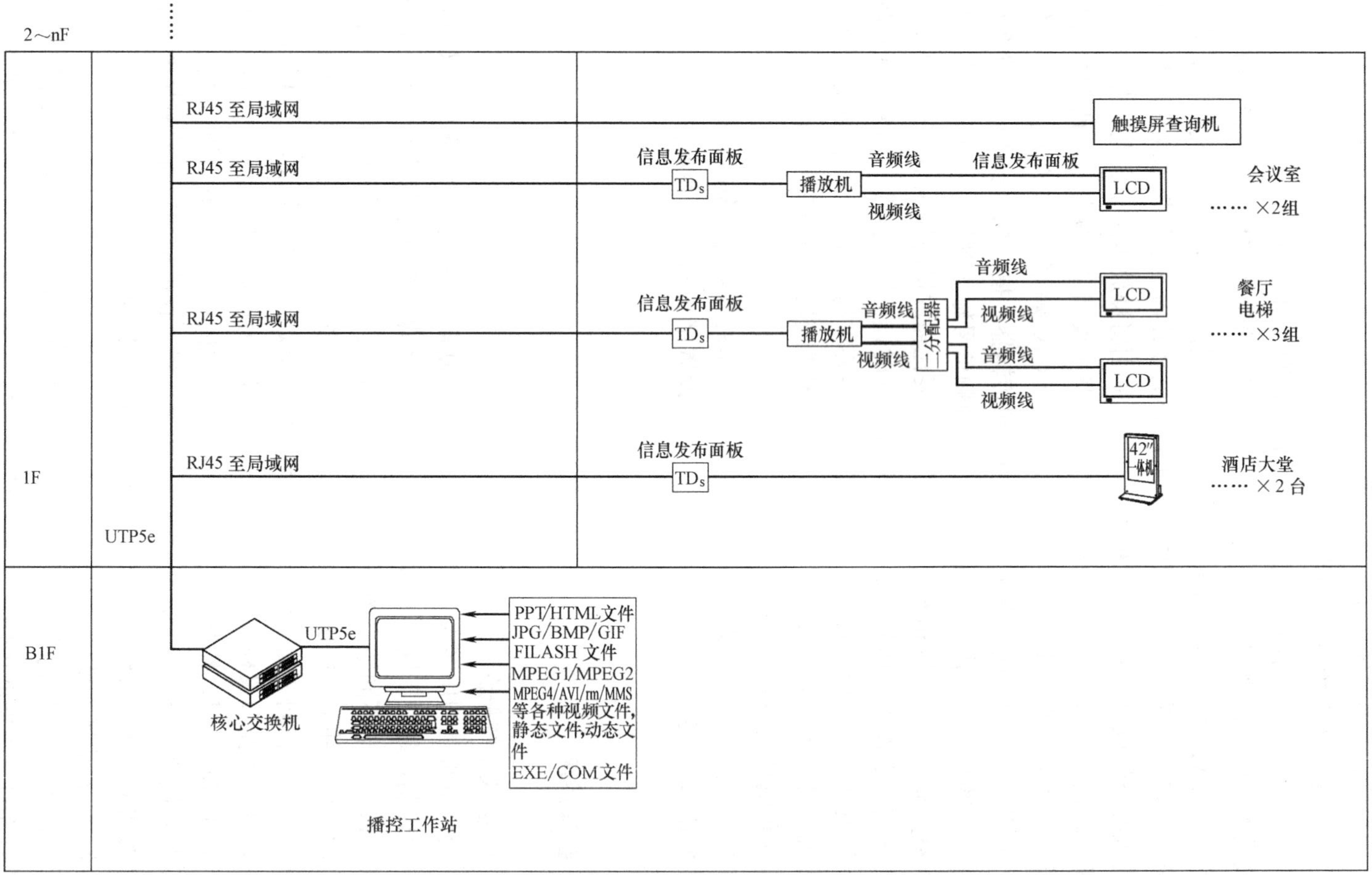

图 8-3 播放机设于末端的信息发布系统

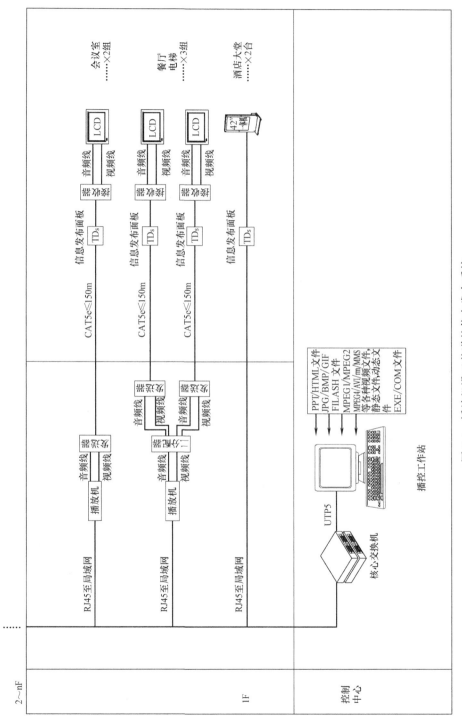

图 8-4 播放机设于井道的信息发布系统

(2) 监视器、投影机、电视机周围的照度不建议高于 80lx，且不建议有直射光源。

(3) 主讲区的照度可按 800lx 进行计算，一般区的平均照度不宜低于 500lx。

(4) 在会议室建议设置专用配电箱，每路容量宜为 16A 及 25A 预留。

(5) 在摄像机、监视器、大屏幕投影、电视机等设备附近均应设置 220V 三孔电源插座，每个插座的计算容量为 1.5～2kW 为宜。

3. 会议系统一般配置

目前一般按双向高清视频会议系统进行设计，分为发言系统、视频系统、音频系统和集中控制系统等几个子系统构成。

(1) 会议系统中央控制器：视频会议系统的核心部分，为用户提供群组会议、多组会议的连接服务，主机控制在通信网络上控制视音频 VGA、AV 矩阵、会议系统主机、智能控制系统等的视频、音频、通用数据和控制信号的流向，使与会者可以接收到相应的视频、音频等信息。

(2) 音频扩声系统：1) 设置 DVD 机、无线麦克、话筒等音源设备，其中会议系统主机对有线话筒进行分散自动或集中手动的控制，使所有参加讨论的人，都能在其座位上方便地使用话筒；2) 调音台对各音源设备的音频信号进行采集和处理；3) 通过中央控制系统主机实现对调音台的音频控制和参数设置；4) 通过功率放大器的信号放大功能推动末端扬声器或音箱实现扩声，该部分也可参见第十一章中关于公共广播系统的相关内容介绍。

(3) 视频显示系统：配置投影机及相应电动投影幕、液晶电视机用以显示本会场及其他会场视频图像。配置 AV 矩阵、VGA 矩阵，用以视频信号切换，配置硬盘录像机用以现场录像。1) 鉴于目前摄像头还以模拟量居多，所以模拟监控摄像头连接 AV 矩阵，如果末端为数字摄像头，联络线为网线，则采用 DVI 数字矩阵、HDMI 高清矩阵等，其中 DVI 不能传输音频，HDMI 可以传输音频，同理视频监视墙也并入 AV 矩阵。2) 目前投影机或液晶显示器等设备常采用 VGA 信号居多，就是电脑主机信号，经常需要计算机显示内容在大屏幕上进行显示，则接入 VGA 矩阵。3) 当显示器同时有 AV、VGA 接口，则两种矩阵可以同时进线连接，或是选择最优方式连接。

(4) 智能控制系统：配置灯光控制器、无线触摸屏、电源供应器以控制 DVD 机、液晶电视及录像机，配置 N 路灯控模块或 N 路电流继电器控制箱，用以控制电源时序器、投影机吊架、电动投影幕、电控窗帘等强电设备，可配置调光箱用以控制现场灯光设备，配置无线路由器用以无线触摸屏及外网的介入。

4. 会议系统的设计思路

首先确定系统是否需要实现远程视频的要求，如果有需求则将会议主机经无线路由器接入互联网，如为仅现场视频的会议系统则以中央控制系统主机为核

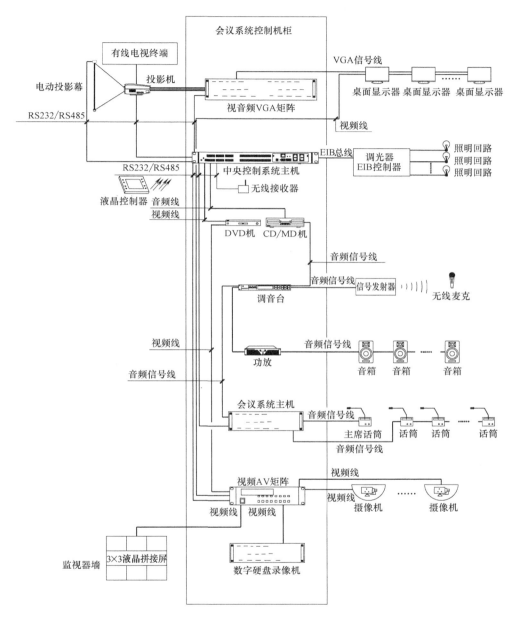

图 8-5 会议系统图

心,分别连接以下几个系统:

(1) 会议系统中央控制器系统平台,采用 RS232/RS485 接口,支持视频、音频、数据、控制等子系统统一管理和控制。

（2）音频线连接音频扩声系统，通过如会议系统主机、CD机、调音台等输出音频给麦克风话筒和功放音箱。

（3）AV线连接视频AV矩阵，连接电视墙、监视器、硬盘录像机等设备。

（4）VGA线连接视音频VGA矩阵，连接投影机、显示器等设备。

（5）考虑到无线控制的设备普及，使用无线接收器对外围如PAD、手机等无线设备控制信号进行接收，如图8-5所示。

第九章　常见酒店客房系统 RCU

一、酒店客房系统 RCU 概述

1. 酒店客房系统概念

酒店客房服务管理控制系统（简称酒店客房控制系统），是利用计算机控制、通信、管理等技术，基于客房内的 RCU（客房智能控制器 Room Control Unit）构成专用的网络，对酒店客房的安防系统、门禁系统、中央空调系统、智能灯光系统、服务系统、背景音乐系统等进行智能化管理与控制，实时反映客房状态、宾客需求、服务状况以及设备情况等，协助酒店对客房设备及内部资源进行实时控制分析的综合服务管理控制系统。

2. 客房管理控制系统的组成

包括中央控制中心、门磁、门铃及插卡开关、RCU 控制器、空调温控器以及配套设备、网络设备等组成。

3. 客房管理控制系统的优点

（1）通过对客房及公共区域空调的智能控制，达到节能的效果，降低电费支出；

（2）通过对客房内灯光、窗帘等的智能控制，也可达到节能效果；

（3）插卡开关进行身份识别，可以核实持卡人身份，杜绝无控制权限的人非法取电；

（4）当客人拔卡离开房间后，RCU 延时切断受控电源，有效节能。

二、RCU 系统的网络形式

1. 全 TCP/IP 模式

系统底层和顶层均采用 TCP/IP 通信传输协议，每个客房控制器都有自己独立的网络地址，客房控制器之间采用五类以上网线并行布网，通过楼层网络交换机实现将所有客房联网，各个楼层交换机的数据通过总台服务基站进行数据的集中和转发，以保证系统数据的完整和稳定，TCP/IP 网络通信一般用于可以满足数据量大，实时性要求不高的现场环境使用，如果相应 RCU 设备较多，且需要超远程数据传输时，底层和顶层均设置 TCP/IP 网络通信是最佳选择。全 TCP/

IP 模式如图 9-1 所示：

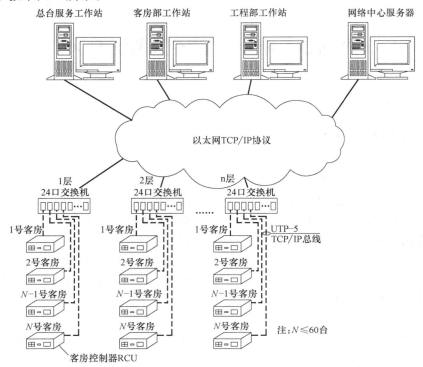

图 9-1　全 TCP/IP 模式拓扑示意图

2. 半 TCP/IP 模式

顶层采用 TCP/IP 通信传输协议，下层采用 RS485 总线、CAN 总线或 EIB 协议的总线，目前国内以 RS485 总线、CAN 总线为主流，进口品牌则以欧洲安装总线 EIB 为主流搭建系统网络架构居多，这几种底层协议均采用"手拉手"总线型连接，单客房系统可以联机运行，也可以独立运行，从而节约单独布线所耗费的大量人工和材料费用，以下对几种总线逐一介绍：

（1）RS485 总线的特点：布线简单，只要依据布线规范进行总线菊花链式布线，可以很方便地敷设通信线路，支持一主多从的数据通信模式，信号由主机进行控制，延时控制较严格，有较好的实时性，通信距离一般小于 6000m，RS485 总线适应于小数据量，实时性要求高的现场，但一主多从的工作方式易出现主机故障，引起一条链接的其他设备的瘫痪，所以不适用大系统和高度安全的系统。

（2）CAN 总线特点：数据通信无主从之分，任意一个信息点可以向任何其他信息点发起通信，靠各个信息点优先级先后顺序来决定通信的顺序，通信距离最远可达 10km，CAN 总线适用于大数据量短距离通信或者长距离小数据量，各个节点平等的现场中使用，相对于 RS485 总线当一个信息点故障时，CAN 总线有更严格的故障点退出功能，有较高的可靠性。

（3）EIB 总线则更进一步，有类似于 TCP/IP 的 7 层协议，层与层之间可以联通，也可以在故障时单独关闭，所以故障点不会引起链接上的其他设备的瘫痪，从而进一步提高可靠性。半 TCP/IP 模式如图 9-2 所示：

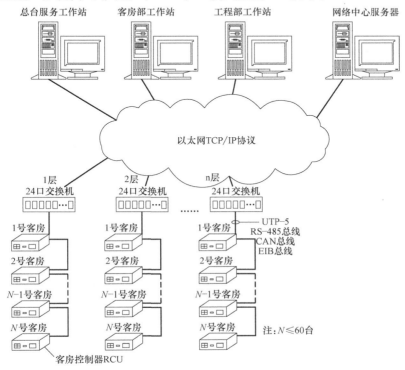

图 9-2　半 TCP/IP 模式拓扑示意图

三、RCU 系统控制

1. RCU 系统的工作流程

（1）客人通过门卡接触感应门磁打开房门，开门信息通过 RCU 网络端传输至客房服务端，客人获得客房内设备控制权限，客房服务端实时进行监控，RCU 进入自用模式。

（2）客人将房卡插入门卡开关后，RCU 系统开始运行，客房受控插座供电，客人可根据自己使用习惯对设备进行调节。

（3）客人通过客房内的开关面板对灯光进行开启或关闭：如客房过道灯、卧室灯等；通过卫生间的红外线探测器实现自动开启、关闭卫生间的灯光和排气扇等。

（4）客人可以操作空调开关或遥控器来控制风机速度、设定温度，空调根据客人设定的温度和速度自动运行。

(5) 客人离开后，服务客户端发出复位命令，将客房设备恢复至自动节能状态。

2. RCU 系统控制的设备

各种酒店工程由于档次高低，在 RCU 的控制要求差别很大，目前主流高档酒店的被控设备一般如下：

(1) 廊灯：由门卡或门卡旁设置的开关面板或智能控制面板进行开启，一般做法为应急电源和正常电源两路经过双控开关 1KA（见图 9-3）供电，失电时自动投入应急电源。

(2) 夜灯：由安装在床头的专用开关控制或也可由总控开关全部关闭。

(3) 浴镜灯、浴室灯、排气扇等：可由浴室门外侧的开关或红外线检测器控制，如安装红外检测器在未探测到物体的移动时不开启灯光；插入取电卡后，不论红外探测器是否探测到物体的移动信号，卫生间开关可打开或关闭镜前灯、浴灯、排气扇等；当红外探测器没有探测到物体的移动信号，则延时一段时间后关闭镜前灯、浴灯、排气扇等。

(4) 左、右床头灯：开关安装在床头，插卡后得电，独立开关和总控开关两地控制。

(5) 左、右阅读灯：由安装在床边的调光开关面板通过可控硅调光开关对左、右侧阅读灯进行无极调光，是否并入总控可依据管理公司的要求进行设置。

(6) 总控开关：设置于入口处、左床头、右床头的开关面板，一般可以关闭除卫生间内的照明外的所有照明回路。

(7) 门铃：由门外带显示的开关控制，当客人按下"请勿打扰"键时，门铃自动失效，当客人再次按下"请勿打扰"键门铃状态恢复。

(8) 插卡取电开关：安装在门内入口处取电开关面板，客人取电后，客房设备的管理权交给客人，前台和客房部可以实时进行远程监控，客房智能集控系统进入自用模式，拔卡离开房间时，系统可延时切断受控电器的电源。

(9) SOS 紧急呼叫开关：一般会安装在卫生间电话插孔附近，按下按钮，信号通过 RCU 网口上传至相关部门的管理平台上，启动语音报警等，解除险情后，酒店服务专用钥匙进行复位。

(10) 空调温控器：一般安装在走廊至卧室墙面拐角上，可远程自动控制，服务中心上可显示风速、冷暖状态和房间实测温度及空调的运行状态，控制室内温度及盘管风机，客人离开房间后自动处于低速节能状态，酒店前台可在客人入住酒店时提前设定房间温度，当客人入住后，插入房卡，空调转由客人操作控制：设定温度，调节风速，关闭空调等。

(11) 不受控插座：如冰箱电源插座、电水壶插座、迷你吧插座、清扫插座、无绳电话电源插座、闹钟插座等不受房卡控制的插座，由客房配电箱直接供电，不受 RCU 系统控制，配电箱总开关平时处于闭合状态，可为不受控电源插座供电。

（12）受控用电插座：如电视电源、台灯插座、备用插座、门铃、电水壶、浴室吹风筒、剃须等卫生间设备，门卡开关控制插入钥匙卡后，门卡控制继电器线圈得电，继电器常开点吸合，为受控电源插座供电，当取出钥匙卡后，延时一段时间，可切断以受控电源插座供电。

（13）请勿打扰：开关面板一般安装在门卡开关旁边和床头位置，按下开关，开关上的指示灯和门外"请勿打扰"面板指示图标点亮，门铃同时失效，此信号也可以通过网络上传至服务中心。

3. RCU系统三种常见设计模式

（1）强弱电分散式控制：主要特点为照明开关面板采用强电控制，如图9-3所示：打叉方块为RCU端子接线端子，N为零线端子，L为相线端子，根据厂家不同端子数也不一样，本图仅做示意，以下介绍功能的实现：

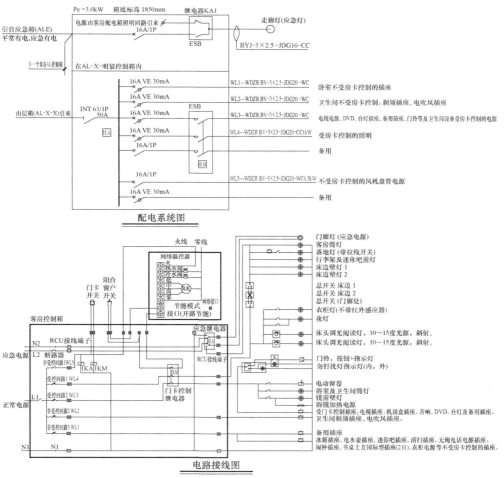

图9-3　强弱电分散式控制示意图

1）1KM1 为门卡开关用接触器，插卡后 1KM1 线圈得电，门卡控制继电器的 1KM1 常开点闭合，受控于门卡的各种电器得电可以使用。

2）1KA1 为消防报警用干接点，当正常照明发生故障断电时，由消防联动系统发出应急照明强启信号，1KA1 线圈得电，1KA1 双控开关由正常照明端打至为应急照明端，门廊灯继续得电，维持客房的基础照明。

3）如果仅为门廊处和大床各设一处开关，则两地开关均采用双控单联开关即可实现两地控制，取消图中的中间层设置的双联双控开关即可；如果门廊处和两床分别各设一处开关，则中间层增设双控双联开关可实现三地控制。

4）关于夜灯的控制，如果为双床或是大床两侧均设置夜灯开关的，夜灯前设置两组并联开关，以满足用户的两边均可开启的要求，如果夜灯仅一组用户控制就可以，则采用一组开关即可。

5）请勿打扰设于门外及门内的两组指示灯，通过开关的转换实现指示灯显示和熄灭，开关打至请勿打扰模式时，门铃回路开路。

6）空调为采用节能控制方式，1KM1（见图 9-3）为常开接点时，为空房状态，默认空调在开路时运行在低速节能状态，服务中心无法对其进行远程的控制，同时阳台窗户开关连锁关闭。

（2）第三方强电控制空调方式：该类型系统与分散式控制系统类似，主要区别在于对空调控制的差别，为空调平时低速运行的另外一种方式，不插电卡时为远程控制，本例中以套间进行示例，如图 9-4、图 9-5 所示：当房卡未接通电源时，两组调速开关分别通过 1KM1 和 2KM1 的常闭点，并通过 WL3、WL6 的旁路电源为空调盘管进行供电，使空调电源自动接入低速模式，在客人未入住之前，通过 RCU 自动保持低速运行状态，当客人入住后，插电卡通电后，1KM1 与 2KM1 得电后，常开点闭合，常闭点打开，脱离原先的低速运行模式，将控制权交给客人，不同之处服务中心可以对调速开关进行远程控制。

（3）弱电控制开关模式：1）系统和之前两种画法上差别不大，所采用 RCU 设备对灯具供电仍采用 AC220V，灯具开关采用 DC5V～12V 的超低压供电，依据选定厂家确定供电等级，在 RCU 内部实现弱电对强电的控制，由于采用直流低压所以就地开关更为安全，也更为集成。2）绘制系统时，将 RCU 电源线、继电器信号线及联网总线分别配入 RCU 控制器即可，如图 9-6 所示：配线简单，开关控制线采用网线端接 RCU 客房控制系统箱中对应的弱电端子，受控制灯具的零、火线接到 RCU 相对应的强电接线端子即可。3）空调控制：风机盘管及电磁阀火、零、地线可示意图中进行敷设，根据平面绘图方便进行调整，与第三方强电控制空调方式类似，单独设置一根低速运行控制线及两根电磁阀控制线，使空房状态下的风机盘管可以保持低速运行。4）当客房内有需要调光的灯具时，RCU 一般不具备调光功能，需要引入调光模块完成调光，灯控模块需要配入照明电源线及 RCU 引来信号总线，如图 9-7 局部示意图，其余部分同图 9-6。

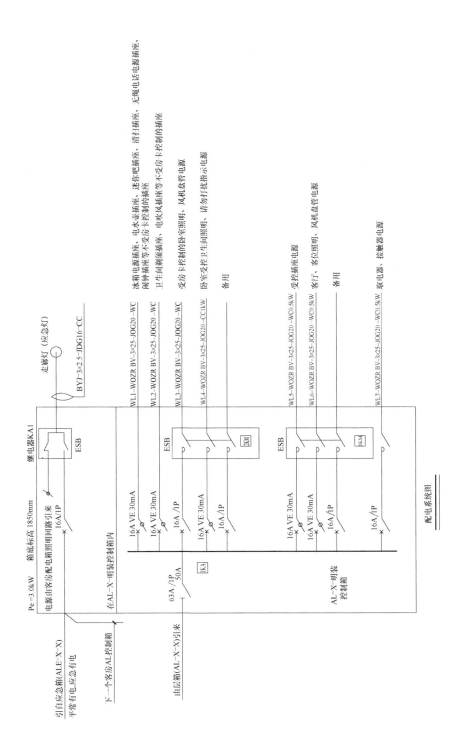

图 9-4 第三方强电控制空调方式示意图一

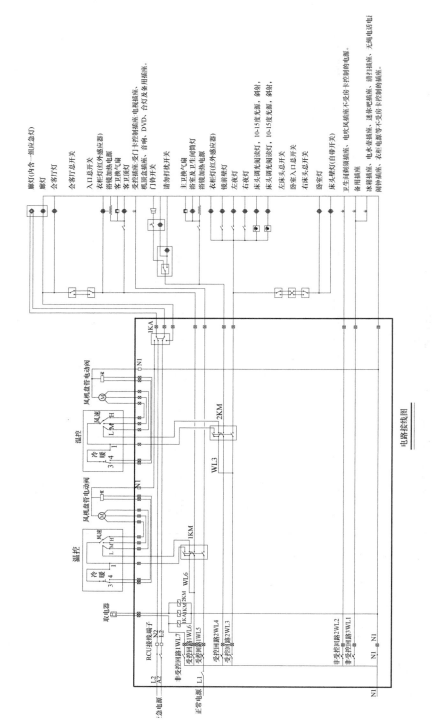

图 9-5 第三方强电控制空调方式示意图二

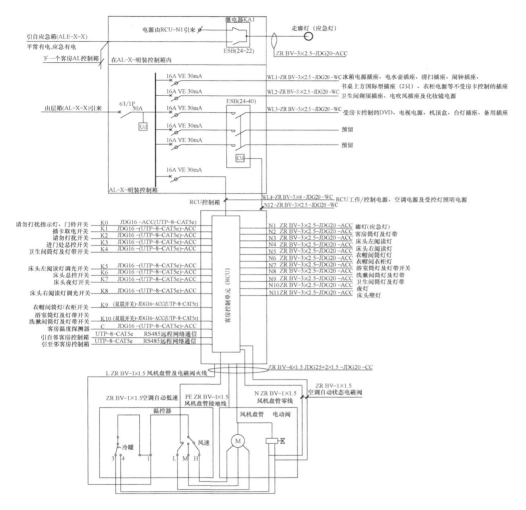

图 9-6　弱电控制开关模式示意图

四、RCU 系统客房平面绘制注意事项

1. 插座图

受控插座与不受控插座要布线上要明显的分开，相交时需要注意打断。如图 9-7 所示。

2. 照明图

先确定开关面板为强电控制还是弱电控制，如为弱电控制则较为简单，将网线

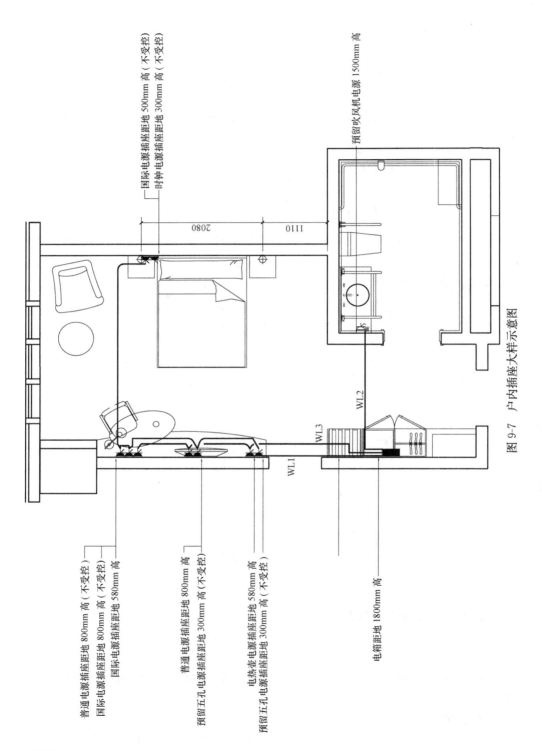

图 9-7 户内插座大样示意图

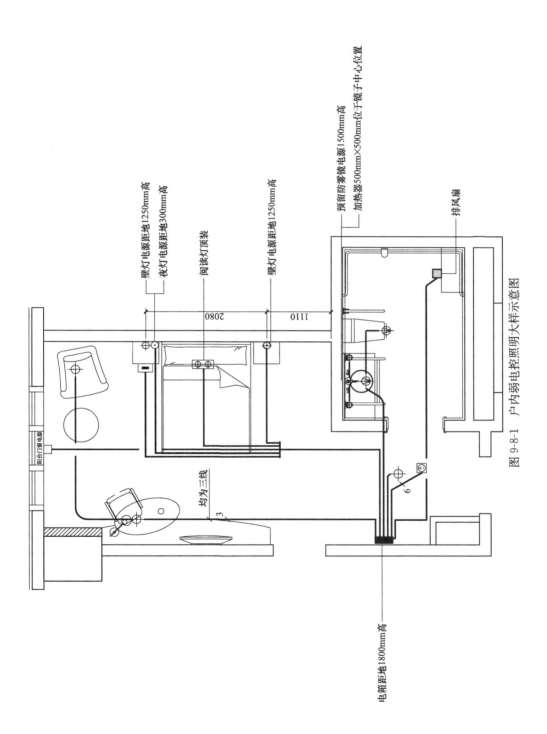

图 9-8-1 户内弱电挖照明大样示意图

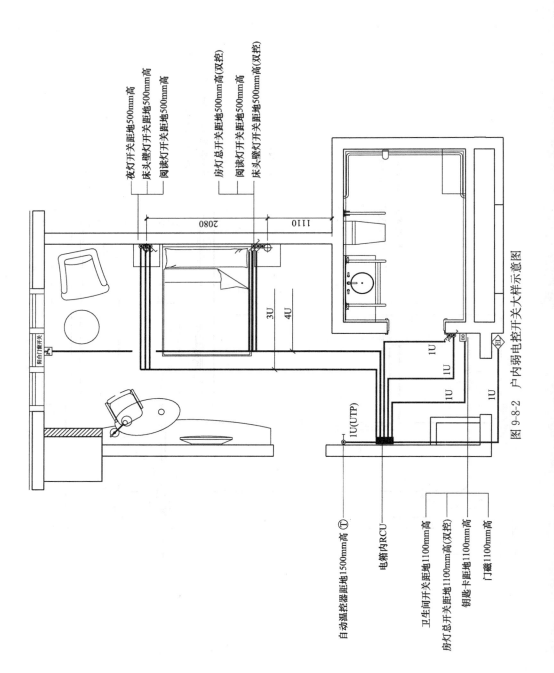

图 9-8-2 户内弱电控开关大样示意图

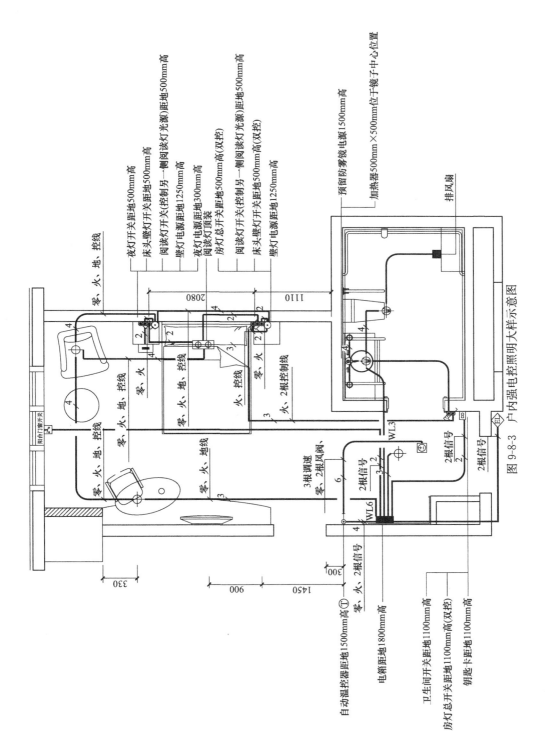

图9-8-3 户内强电弱电照明大样示意图

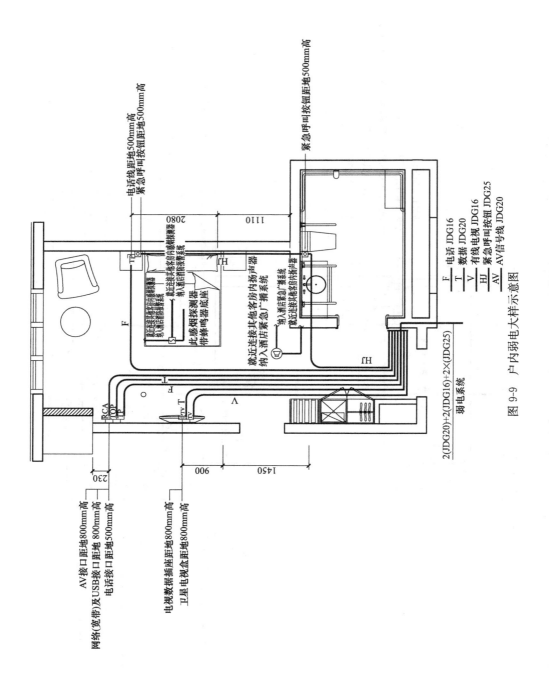

图9-9 户内弱电大样示意图

由 RCU 敷设至各开关面板即可，如为强电控制则较为复杂，如图 9-8-1 及图 9-8-3 所示：灯具之间均为零、火、地、控四根线，由灯具至各自单独控制开关为两线，总控开关之间采用三根线实现双控功能，两根控制线一根火线，并建议各总控开关不要通过灯具而是直接连接，以方便清晰表示控制关系；空调调速开关采用强弱电分散式控制时，调速开关由配电箱配四线，两线为零、火线，另两线为 RCU 自控信号线；门卡开关和窗磁开关均为两根信号线。如图 9-8-2 所示。

3. 弱电图

客房内扬声器、感烟探测器一般并入建筑整体系统，大样图绘制接引来自那里的示意即可；数字电视（IPTV）、网络插座等需要网络信号的采用数据线；电话插座采用电话音频线；有线电视插座采用同轴视频电缆接线；多媒体接线盒、卫生间广播采用 AV 音视频信号线，施工图阶段可以按上述类型预留管路，配线待深化单位另行确定后更为合理。如图 9-9 所示。

第十章　地下车库常见弱电系统

一、车库常见弱电系统概述

本章介绍了停车场管理系统、车位引导系统、门禁系统三种与大型地库有关的弱电子系统设计，这些系统一般可以集成设置于安防控制室或地库控制中心的服务站内，通过中心服务站将各弱电系统通过以太网并入建筑设备综合布线系统，以达到系统的集成化、智能化的要求。本章将对各子系统的常规功能，目前的常见做法，及绘制施工图时的设计特点逐一介绍，并区别于深化单位的二次设计，着重表述施工图一次设计的系统构架及系统图绘制思路。

二、停车场管理系统

1. 停车场管理系统介绍

（1）概念：停车场管理系统是以图像处理、射频卡（IC 卡或 ID 卡）和计算机停车管理软件、网络技术等为技术组成的停车场控制设备，可实现停车场自动收费、记录、监控等管理。

（2）功能：包括自动发卡功能，读卡进出管理功能，车牌号码影像摄录对照功能，车库满位/空位显示功能，语音提示及 LED 显示屏，对讲功能等。

（3）主要分类：单车道进出系统、双车道进出系统、分散车道进出系统等。

（4）平面布置要求：在首层停车场地面入口指示牌处、地下车库入口处设立剩余车位显示屏，提示司机进场前即可知晓每层空余停车位情况，系统建议预留与市政交通部门的接口，以方便市政主路对空车位显示的需求。车场出入口设置车辆图像对比系统，防止车辆被盗。与车位引导系统配合使用，在地下各层停车区域设置空满指示屏，对进入每个停车区域的车辆提供合理的停放位置。

2. 网络构型要求

（1）停车场管理系统建议在上层网络通过以太网 TCP/IP 并入综合布线系统，车位数据采集系统通过 TCP/IP 总线与管理电脑实现数据主动上传和实时下载，以实现数据的交换。

（2）停车场管理系统内部则一般采用 RS485 总线，车位控制器与停车场中央管理电脑的通信接口一般为 RS232 或 RS422 总线，之间通过 RS485/RS232 转换器进行协议转换，车位控制器之间采用 RS485 链式串接即可。可参考图 10-5 所示。

3. 车库管理系统工作流程

一般停车取消是分为临时停车和常住用户停车，两种停车的管理方式也略有不同。

(1) 临时进出车辆：在自动控制状态下，司机在读卡器刷卡上传卡号至服务器，服务器确认无误后，发送开闸信号给道闸控制机，控制道闸起杆，车辆经过，之后感应车辆是否已经通过，获得通过信号后落杆；在手动控制状态下，现场工作人员人工核实车辆情况或是否完成缴费，通过手动按钮，控制道闸杆的起落。

(2) 常住户车辆：常住户车主均有物业部门发放的感应 ID 卡作为通行卡（注：IC 卡可读写，常用在一卡通，消费系统等，ID 卡不可写入，含固定的序列号，常用在车库管理、门禁系统等），该 ID 卡在发卡时进行授权并存储序列号在服务器中，当住户车辆出入时，车主在读卡器刷卡后，管理系统将立即识别、判断，发出放行信息，控制道闸杆的起落，车辆通过道闸时，经过地感线圈，管理系统接收到感应信号发已通过的信息，控制道闸落下，恢复初始状态。

4. 主要车库管理设备工作原理

(1) 车库管理系统地感线圈：就是通过探测线圈电感量的变化来探测到金属物，线圈是由多匝导线绕制的，必须将引出电缆做成紧密双绞的形式，埋在安全岛道闸侧路面下，敷设完成后用水泥填充平整，将双绞好的输出引线通过线槽或管道引出，连接到挡车器及读卡器控制机，当有汽车经过时，由于金属物体的进入使线圈磁场发生变化，引起振荡频率改变，随之产生振荡电路，这个变化的电路被控制机检测到，通过内部的微处理器判断出有汽车通过，并通过继电器输出道闸的起落命令。

(2) 车位引导屏：1) 入口处车位引导屏的位置：一般安装在入口读卡机和入口道闸中间位置或停车场入口其他明显处，过往驾驶员驾车经过即能看到停车场车位使用情况，车位显示屏可显示停车场剩余车位数量，空余时间还可以发布广告等。2) 出口车位引导屏：用户进入停车场时，如地下层电梯前室，在出口车位显示屏读卡，显示屏即显示该卡所停车位置，方便用户找到相应位置。

(3) 射频识别系统 ID 卡工作流程：读卡器将无线信号经过发射天线向外发射，当 ID 卡进入发射天线的工作区时，ID 卡电子标签被激活，将自身信息的序列号经天线发射出去，系统的接收天线接收电子标签发出的信号，经天线的调制器后传输给读卡器。读卡器对接收到的信号进行解调解码，送往后台的微处理器；微处理器根据逻辑运算判断标签的合法性，发出指令信号控制道闸的动作，道闸按照微处理器的指令动作。

5. 车库管理系统及常规接线

（1）入口车位显示屏一般为LED显示器，安装在停车场入口明显处或街道旁边，可以让准备进入停车场的人员及时了解停车场剩余车位情况，车位显示屏至控制中心或收费岗亭的服务器可以按敷设1根屏蔽通信电缆如：RVVP 2×0.5，1根AC220V电源线，如RVV 3×1.5。

（2）摄像机：出入口摄像机安装在出入口车道上，一般安装在道闸机后面，车到出入口时被道闸机挡住，这个时候摄像机以能看清楚车牌的距离即为合适，视频线一端接摄像机一端接服务器的图像捕捉卡端口，一般采用视频线一根，如SYWV-75-5，AC220V电源线一根供电，如RVV2×1.5。

（3）控制中心或收费岗亭到读卡机：一般敷设由读卡机至服务器端配屏蔽通信总线1根，如RVVP4×0.5，1根对讲机屏蔽线，如RVVP4×1.0，AC220电源线1条，如RVV3×1.5。

（4）读卡机与挡车器之间安装距离一般要求不少于3.5m，挡车器至服务器需敷设屏蔽通信线一根，如RVVP2×1.0。AC220电源线一条，如RVV3×1.5。

（5）读卡器和挡车器道路侧都有一个地感，安装时要求读卡器和路闸机位置各预留一条PVC管或是暗敷线槽到安全岛侧车道下，方便日后安装地感线，电感线圈可采用RV2×1.5绞接敷设。

（6）如果单个出入口设备需要与停车场中央管理工作站并入设备网系统，可预留采用超五类以上的非屏蔽双绞线或多模光纤，如CAT6-UTP或2×6芯多模光纤。如图10-1所示。

6. 车库管理系统其他注意事项

（1）技术的进步导致刷卡道闸的彻底退出市场，所以变化主要是人工刷卡器的消失，另外很多场合收费岗亭也没有了必要，微信和支付宝刷手机支付变为了常态，则设计中人工刷卡器需要取消，岗亭是否保留则根据实际情况予以取舍。为保证对车辆的管理，在汽车主要出入口处同样仍是设置一个进口管理道闸，一个收费出口管理道闸，进口和出口管理道闸在不收费时不启用，只启用视频抓拍识别功能。各个口均采用车牌识别进出，通过摄像机实现对进出车辆进行自动号牌识别、车辆图像抓拍，自动登记车辆出入场的时间、地点及车辆车牌颜色等相关信息，并入档存入数据库，方便后期的管理和条件查询。

规范重点注意当发生火灾时，系统在接到消防报警信号后，将能自动打开相应位置的道闸，规范可见中《火灾自动报警系统设计规范》GB 50116—2013中4.10.2条："消防联动控制器应具有自动打开涉及疏散的电动栅杆等的功能，宜开启相关区域安全技术防范系统的摄像机监视火灾现场"。每个出入口从附近弱电间引1~2路4或6芯室外光纤（配置各种连接附件）通过光电收发器的设备

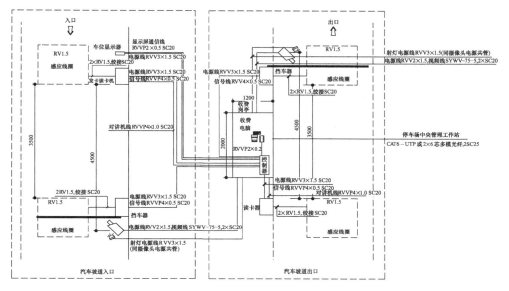

图 10-1 停车场管理系统

接入设备网,进而系统可与消防系统进行联动控制,并停止其他功能,直到人工手动恢复功能运作。

(2) 供电电源:车库收费管理工作站一般建议设 UPS,保证断电后系统供电时间不小于 60min 为宜。

三、车位引导系统

1. **车位引导系统概念**

车位引导系统是利用安装在车库入口及内部各个通道入口处的车位显示屏,显示当前方向的空车位数,来引导车主选择停车通道,并在车库内部各个停车位靠通道一侧配备有车位指示灯,用于显示该车位的使用状态,通过上方的车位探测器,将停车场的车位数据进行实时采集,系统对停车场的车位相关信息进行统计,通过网络将信息送至中央控制系统,由中央控制系统对信息进行分析处理后放到数据库服务器,当一组停车位都停满后,车位指示灯会显示红色,如果该组停车位中还有空闲车位,则指示灯会显示绿色,同时将各相关处理数据通过车位信息发布系统,给停车场内各指示牌、引导牌等提供信息,指导车辆进入相关车位。

2. **车位引导系统各工作场所的工作原理**

(1) 单层车库:通过安装在每个车位上方的无线超声波车位探测器或者是埋设在每个车位下的无线地磁探测器,对车辆信息进行实时的采集,当车位上有车辆停放后，无线超声波车位探测器或无线地磁探测器采集到信息，会立即发送无线信号到区域控制器，各区域控制器汇总信息至节点控制器，收集到的车位状态信息压缩编码后通过无线路由器及网络交换机传输反馈给中央控制器，由中央控制器完成数据处理，并将处理后的车位数据通过无线节点控制器发送到停车场各个车位引导屏或区域控制器进行空车位信息的显示，从而实现引导车辆进入空余车位的功能。

（2）立体车库：立体车库是升降横移式，每一个车位在空间上不是固定的，普通的顶部设置车位探测器无法满足上下两部汽车的判断，解决办法是通过安装在立体车库中每个停车位固定面的超声波车位探测器，如埋设后部实体墙上或是层间钢架上安装探测器，可实时采集车库中的各个车位的车辆信息，可按每组立体车库安放一个区域控制器，对区域内的无线探测器进行控制，每组停车位配备有一个车位指示灯一个区域控制器，当中央控制器通过分布在不同点的探测器判断该组车位的空车位数小于1时，通信给区域控制器，由区域控制器控制车位指示灯显示成为红色，当中央控制器判断该组车位的空车位数大于等于1时，会提供信号给区域控制器，由灯控器控制车位指示灯显示成为绿色，从而实现引导车辆进入空余车位的功能。

（3）用于露天的地面停车场：安装在每个车位的地面中心，探测车位上有没有车辆存在，由于露天不能使用顶部超声波传感器，而普通的地感线圈也不能测量静止车辆的状态，所以一般建议使用地磁探测器，探测器和区域控制器一般采用无线连接，条件允许时也可以有线连接。

3. 车辆引导系统设计及线路

（1）一套车辆引导系统中央控制器可以管理32～64个节点控制器。

（2）一个车位节点控制器一般可以串接32个车位区域控制器或32个指示牌。

（3）一个车位区域控制器一般可以串接32个超声波检测器或指示牌。

（4）超声波检测器与区域控制器连接采用RS485总线或无线方式。

（5）中央控制器至各节点控制器线路建议采用超五类以上的非屏蔽双绞线，如UTP-6。

（6）由节点控制器至区域控制器或显示牌的线路建议采用一根屏蔽双绞线；如RVVP2×1.0。

（7）由区域探测器至超声波检测器的线路建议采用一根屏蔽通信线：如RVVP2×0.5。

（8）由超声波检测器至车位指示灯的线路建议采用一根两芯护套控制线；如AVVR 2×0.5，各种线型以所选厂家产品为准。如图10-2所示。

4. 车辆引导系统设备安装位置

（1）在停车库每个地面主入口配置一个总车位引导屏，与车库入口管理系统

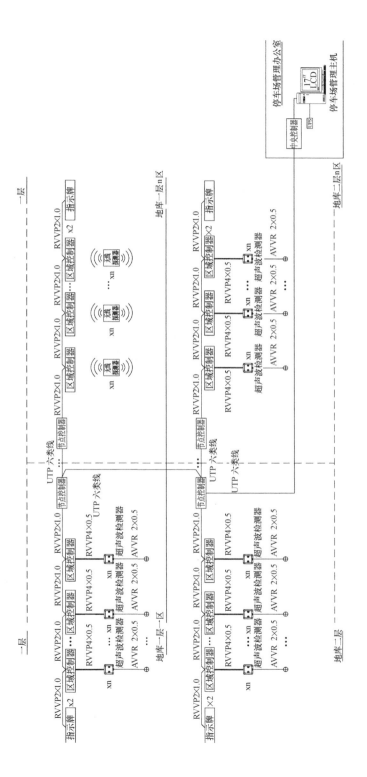

图 10-2 车辆诱导系统示意图

合用，显示每层的空车位数量；在地下车库的每个交叉路口配置引导屏，根据走向不同可配置单向、双向或三向屏，标明车辆行驶方向和该方向可到达区域的空车位数量；每个车位上安装车位探测器，超声波探测器测距离车辆建议不大于4m，检测车位有没有车辆停放，车位前方安装车位指示灯，指示车位有车与否，红灯为有车，绿灯为空位。

（2）导向指示牌一般设于前方路口的道路左侧上方设置，路口的四个方向均需要设置。

（3）状态指示灯一般设于两个路口间的道路的中部。

（4）区域控制器建议设置于不影响行车及停车的柱子外侧。

（5）超声波探测器之间采用PVC或SC管连接预留86盒，超声波探测器至车位指示灯同样用PVC或SC管连接预留86盒。

（6）查询系统主要由查询电脑来完成，查询电脑含有刷卡装置，只要用停车卡在刷卡区域刷卡，就能够知道停放的车辆所在位置。一般在通往停车场的电梯间安装一台带触摸屏式电脑，电脑中安装反向寻车系统软件查询客户的停车情况，并以图形的方式显示出来。

5. 车辆引导系统电源

车位引导系统管理工作站可设于地下层车库管理用房内，配置UPS，保证断电后系统供电时间不小于60min，可同车库管理系统合用后备电源。

四、门禁系统

1. 门禁管理系统的概念

（1）系统组成：一般由前端信息输入设备（门禁读卡器、卡片、门磁、紧急按钮等）、执行设备（电控锁等）、传输系统（RS485总线）、管理控制记录设备（门禁控制器、门禁管理主机等）四部分组成。

（2）工作流程：计算机将具有本建筑物系统合法身份的人员资料录入各门禁控制器，当前端信息输入设备获取信息，比如读卡器响应刷卡信息时，通过传输系统，把信号传输到门禁控制器，门禁控制器通过认证判断，发回指令到前端的执行器如门磁，当有非正常状态开门时，报警信号将送至安保中心的门禁管理系统服务器，多个门禁控制器由控制中心管理主机统一协调管理。

（3）门禁控制器分类：目前市场上门禁一般可根据集成与否可分为一体式和分体式，根据可控门数可分为单门、2门、4门等不同类型的门禁控制器。

（4）设置场所：如在功能分隔的通道、重要机房或房间、住宅的单元入户门设置门禁管理系统。

2. 门禁控制器组网

组网结构一般分为如下三种：

（1）RS485/RS232 转化器型：适用于中小型工程，RS232 一端连接系统服务器，RS485 一端使用链式总线结构与多台控制器进行通信，通信线从服务器后的 RS232/485 转换器后通过双绞线接到第一台控制器，再从第 1 台控制器接到第 2 台，第 2 台接到第 3 台，以此类推即可。如图 10-3 所示。

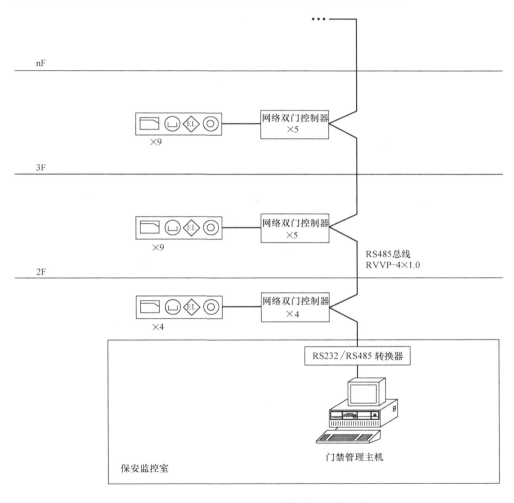

图 10-3 RS485/RS232 转化器型门禁系统

（2）TCP/IP 控制器型：以太网门禁控制器是专门为对通信要求比较高而设计的门禁设备，TCP/IP 控制器使用网线接口，通过网线与交换机联接默认通信接口使用以太网口，接口为标准 RJ45，具有远程升级、联网数量大的优点，但线路复杂，造价高。如图 10-4 所示。

（3）TCP/IP 与 RS485 混合联网型：将所有中央控制器通过以太网（TCP/IP）接口接入至下级网络上，从而实现门禁数据上传至系统管理中心以及与中央控制器对各子系统间的相互通信，下级网络采用 RS485 方式联网，为了兼顾系统性能和可靠性，每台网络中央控制器的下行链式串接一般不超过 15 台门禁控制器，同时将消防报警及安防报警、监控等通过以太网的核心交换机发送到现场的门禁控制器上，该框架采用了较灵活的通信组网方式，特别适用于用户数量较大、控制门点数较多、多系统集成、有较好的实时性、并且需要进行统一管理和控制，或是需要在原有的 RS485 门禁系统基础上进行改造或升级的场所。如图 10-5，图 10-6，图 10-7 所示。

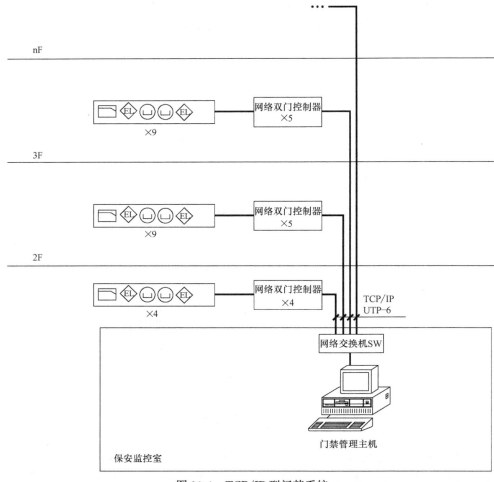

图 10-4　TCP/IP 型门禁系统

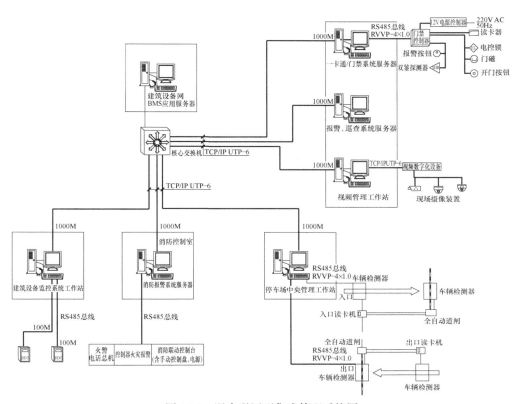

图 10-5 混合联网型集成管理系统图

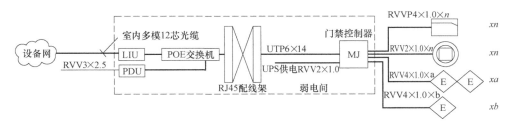

图 10-6 混合联网型门禁末端系统图

3. 传输线路的线缆选用

（1）读卡器与控制器之间的通信用信号线建议用 4、6、8 芯屏蔽多股双绞网线（其中使用两芯）；如 RVVP-4×1.0，一般配线长度不超过 100m。

（2）出门按钮与门禁控制器之间通信使用屏蔽信号线，线芯最小截面积为 0.50mm^2，如 RVVP-2×1.0。

（3）门禁控制器与电锁或门磁之间使用屏蔽信号线，线芯截面积不小于 1.0mm^2，如可以采用 RVVP4×1.0。

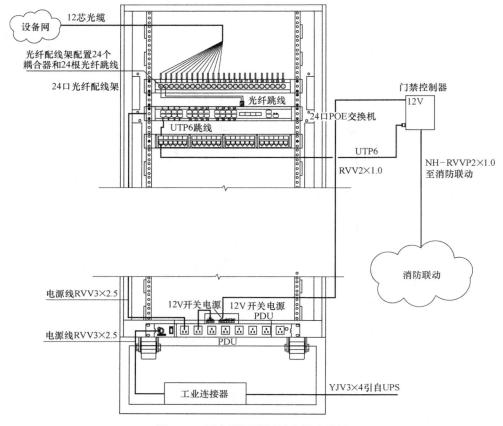

图 10-7　混合联网型门禁末端连线图

（4）门禁控制器与管理主机之间通信用信号线，如果为交换机工作方式时，采用超五类以上非屏蔽双绞线，如信息采用 1×UTP-6，电源采用 BV-2×1.5；如果采用 RS232/RS485 转换器工作方式时，控制器到 RS232/RS485 转换器的线建议使用多芯双绞线，电源采用铜芯绝缘导线，线径根据传输距离进行计算，线芯最小截面积应大于 $0.5mm^2$，如信号线采用 RVS-2×1.0，电源采用 BV-2×1.5。

（5）电锁或门磁控制线可穿同一根管，读卡器和出门按钮可穿同一根管，如均为 SC25，也可单独穿管，依据平面实际情况进行考虑。如图 10-8 所示。

4. 门禁系统设计注意事项

（1）控制器建议安装在弱电井等便于维护的地点。

（2）如果整个门禁系统控制器的总数不超过 80 台，原则上只需要一台 RS485 转换器即可满足要求。

（3）一般厂家控制器一般分为 1、2、4 个门控制器，按照平面实际情况选择控制器类型。

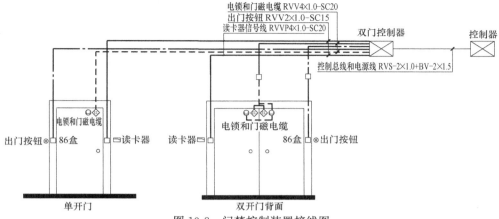

图 10-8 门禁控制装置接线图

（4）读卡器、按钮的安装高度是距地面 1.4～1.5m，可以根据客户的使用习惯，适当增加或者降低。

（5）门禁控制器的元器件的工作电压一般为 5V，信号线不可与 AC220V 电力线贴行敷设，更不能穿在同一管内。

（6）门禁管理系统在火灾发生时接收火灾自动报警及联动控制系统联动信号打开有关电子门锁，方便人员疏散。可见《出入口控制系统工程设计规范》GB 50396—2007 中 9.0.1.2 条："当发生火警或需紧急疏散时，人员不使用钥匙应能迅速安全通过"。

（7）门禁系统接入车库或一卡通管理系统由 UPS 集中供电，供电时间建议不低于 60min。

5. 住宅可视对讲系统

为门禁系统在住宅电气中的体现，常规做法分为两种：

（1）RVVP 多芯屏蔽线＋SYWV 视频线布线方式，由四层设备构成：用户室内可视对讲分机、层间分配器、单元可视对讲主机、门禁管理中心。分配器的作用与有线电视系统的分配器类似，起到模拟信号的放大分配，各室内可视对讲分机至层间分配器配线采用一根屏蔽数据电缆（如 RVVP-5×1.0）和一根视频同轴电缆（如 SYWV-75-5），每 1～4 户放置一个层间分配器，层间分配器由一根多芯屏蔽线和一根视频同轴电缆（如 SYWV-75-5）连接至单元可视对讲主机，单元可视对讲主机到小区门禁管理中心之间也通过一根屏蔽数据电缆（如 RVVP-5×1.0）和一根视频同轴电缆（如 SYWV-75-5）连接。如图 10-9 所示。

（2）超五类线：也由四层设备构成：室内可视对讲分机、层间编码器、单元可视对讲主机、门禁管理中心构成，编码器的作用是将模拟信号转化为网络线可传输的数字信号，解码器最多可带 16 台分机，故可根据住宅楼平面，每个单元配置不同数量的解码器。各室内可视对讲分机至楼层编码器采用一根超五类网络线配线（如 1×UTP-6），分层设置编码器，竖井内就近供电，层间编码器至单元可视对讲主机采用一根超五类以上网络线连接（如 1×UTP-6），单元可视对讲主机到小区门禁管理中心之间可以敷设一根超五类以上网络线缆（如 1×UTP-6），另设电源总线一根（如 RVV2×1.0）就近供电。

（3）报警功能的实现：当住户家里发生燃气泄漏警情和烟雾火灾警情时住户分机可自动向管理中心报警，或住户在遇到紧急情况时，可通过紧急按钮直接向管理中心报警，户内对讲报警系统可双向通信，即室内分机能向管理中心报警，并与管理中心、楼栋主机双向呼叫，本文对燃气探测器不做介绍，工程中只要为有源的探测器敷设 4 芯线即可，如 RVV4×0.5，如为无源的探测器敷设 2 芯线即可，如 RVV2×0.5 等。如图 10-10 所示：

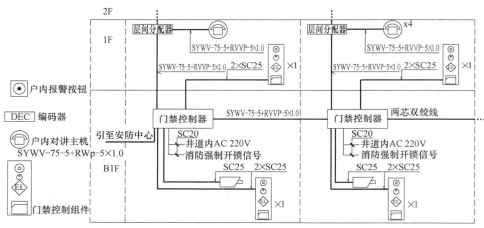

图 10-9 模拟信号可视对讲系统图

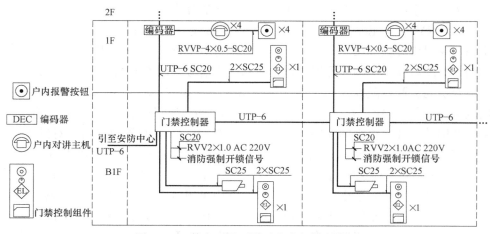

图 10-10 数字可视对讲及户内报警系统图

五、五方对讲系统

1. 设置原因：当电梯在使用过程中发生机械或电器故障而乘客被困时，乘客可以按"呼叫"按键向值班室发出求救信号，管理中心会收到电梯发来的求救信号，通过值班室监控主机上面的信息显示了解到故障电梯的位置和初步情况，可派维修工人去故障电梯处理问题，同时还可以通过主机与电梯里面的乘客双向通话，了解电梯内部的具体状况，给电梯内的人给予安慰和操作指示。

2. 依据规范：在北京地区可依据《北京市规划委员会关于住宅适老性规划设计有关意见的通知》要求在电梯内设置紧急呼叫装置，在北京地区是审查要点的要求，对于住宅和养老建筑着重要求，各地区大约类似，一般都有相关的要求。

3. 施工图设计的深度：施工图设计时确定安装方式，为移动信号厂家提供线路的路由和电源等设计内容，配合电梯厂家和移动信号接入厂家进行设备安装调试，而随行电缆为电梯厂家确定。

4. 系统分类：为无线及有线两种，其实对于电梯本身而言差别不大，都要设置随行电缆，将主机放在消防值班室等场所，分机常见设置于电梯机房，有线系统是将单体电梯机房与主机采用缆线连接，当分机与主机之间的距离传输较远时或信号传输较弱或需采用星形连接时，可加中继盒。而无线的则是将群控的线缆改为了无线接收，指多台电梯群控时单体电梯机房设置无线接收器，负责与总控中心进行无线连接，单体分机设于距离主机 10m 以上的地方，以防干扰，一般容易实现，将专用天线分别插入主机，天线部分垂直设置于室外空旷的地方，以便于接收信号。

5. 管线设计：五方对讲的导线设计，布线主机与分机间每 20 个点采用一条四芯护套软导线或以上电缆；电梯内需布电梯屏蔽专用电缆，厂家定制，电气竖井内的规格可为屏蔽双绞线，如 RVVP 4×0.75 或 RVVP 6×0.75（如考虑备用）。如图 10-11 所示。

六、车库 CO 探测器

1. 设计依据：车库 CO 探测器的设置根据更多依据各地的绿色建筑评价标准，在国家规范《绿色建筑评价标准》GB/T 50378—2014 中 8.2.13 条："地下车库设置与排风设备联动的一氧化碳浓度监测装置"。也有相关介绍，虽不是强制性的要求，但在各地区的节能要求中该项多为较为强制标准，分值较高，如北京地区为五分。

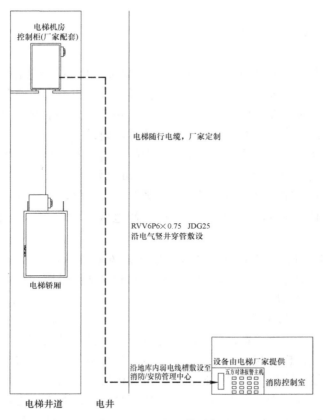

图 10-11 五方对讲系统图

2. 功能要求：通过主控制器与诱导风机智能控制器联网，传感器探测地下车库中空气的一氧化碳浓度，当达到或者超过一定的指标时，实现报警功能，并开启智能诱导风机或是排风机系统，实现排气通风功能，降低有害气体的浓度。

3. 设备安装位置：

（1）CO 传感器的设置：可按防火分区放置，不穿越防火分区。1）诱导风机类型：当采用喷射导流式机械通风方式时，传感器应设置在排风口处，CO 探测器安装于诱导风机上，每个诱导风机上配备一个 CO 探测器。2）当采用常规机械通风方式时，传感器应采用多点分散设置，每个分区 1~3 个，如按面积大小，一般 300~400 mm^2 考虑，考虑到 CO 的密度为 28，空气为 29，两者比重接近，但是 CO 略轻，故按《石油化工可燃气体和有毒气体检测报警设计规范》GB 50493—2009 中相关要求，安装高度宜高出释放源 0.5~2m，为考虑安装较为便利，实际工程中安装方式一般距离地面多取 0.6~1.3m，这个距离是针对儿童少年的高度而定，一般也是儿童的呼吸高度，故取值比较合情合理。

（2）每个防火分区设置一台集中控制器，控制器与 CO 探测器可实现无线通信或是选择 RS485 总线，涉及量的测量，则建议选择屏蔽线，如线缆规格为 RVVP-4×1.0。

4. 联动控制：在风机动力箱内预留 BA（楼宇自控）的控制接点或接触器接点，如运行状态、故障状态、手/自动状态、启停控制等，根据工程大小来定，有 BA 系统的工程可将 CO 传感器控制点接入 DDC 箱体，通过 BA 系统联动风机，无 BA 系统的或也可将 CO 传感器控制点送到配电柜接触器接点，直接启动即可。

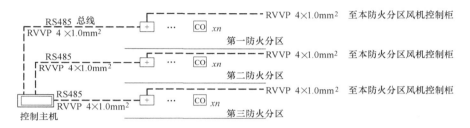

图 10-12　车库 CO 监测控制系统图

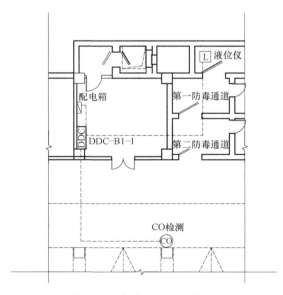

图 10-13　车库 CO 监测平面图

第十一章 常见公共广播系统

一、公共广播系统概述

公共广播系统是专用于远距离、大范围内传输声音的电声音频系统,能够实现建筑物内的所有人员在广播系统覆盖范围内收听到音频信息,是一种有线的广播系统。民用建筑分背景音乐和紧急广播两种功能,施工图设计时一般会结合设置,正常状态下播放背景音乐或信息通报,当发生火灾等紧急情况时,强制转换为消防广播。

二、公共广播系统组成

一般由节目源设备、信号处理及放大设备、传输线路和扬声器系统等四部分组成。

1. 节目源设备

包括:控制中心音频信号源包括:CD机、调谐器(调谐器即收音机)、遥控寻呼话筒、硬盘等背景音乐节目源。

2. 信号处理及放大设备

根据项目规模不同,设备选择也不同,常见设备包括:

(1)调音台或前置放大器:完成音频信号源的收集和选择,支持从节目源设备输入的模拟和数字音频信号,完成对声音信号的处理,调音台较前置放大器的音效功能更为强大,价格也更贵。

(2)音频矩阵系统:满足不同广播分区中播放不同节目的要求,常用于模拟系统中;数字广播系统该功能设备兼容在数字调音台内,通过数字音频矩阵控制器进行分区广播,并通过广播服务器进行远程设置参数,使数字调音台具有核心数字信号处理能力,除此外数字音频矩阵控制器可实现消防应急广播信号接入和切换。

(3)功率放大器:功率放大器也称为后级放大器,将数字音频矩阵控制器或模拟音频矩阵送来的音频信号进行再次放大传输至末端扬声器发声。

3. 传输线路

随着系统和传输方式的不同也有不同敷设要求，干线一般分为模拟和数字两种传输模式，模拟音频干线一般采用多股型铜芯软线缆，数字传输方式中干线可依据工程设备网的要求进行配置，如使用超五类以上非屏蔽双绞线或光纤两种不同的传输介质。

（1）支线配线根数：如不常调整音量，可在各层管道井的广播接线盒内设置音量开关，对于大堂、餐厅、会议室等需现场调音的场所可就地设置音量开关，音量开关的配线分为三线和四线两种，当采用三线式配线时，扬声器不单敷设紧急广播信号线，平时信号线供背景音乐用，发生紧急情况时，分区器自动地把它切换到紧急广播功放输出端，供紧急广播使用，强制火灾应急广播播放；当采用四线式配线时，消防强插线和广播信号线分开敷设，分别敷设至音量开关内，发生紧急情况时，在末端音量开关内完成切换，更适合需要现场控制的设计要求。

（2）线型选择：背景音乐和消防广播合用系统的线路敷设需要按防火布线要求进行设计，模拟音频消防广播干线应采用耐火型多股型铜芯线缆，如 NH RVS-3×2.5，穿 JDG20 钢管暗敷，模拟消防广播支线应采用耐火型多股型铜芯线缆，如 NH RVS-3×1.5，穿 JDG20 钢管暗敷，背景广播系统的主干线宜采用阻燃型多股型铜芯线缆，如 ZR RVS-3×2.5，穿 JDG20 钢管暗敷，背景广播系统的支线宜采用阻燃型多股型铜芯线缆，如 ZR RVS-3×1.5，穿 JDG20 钢管暗敷，数字音频型干线建议采用 UTP5e 或 8 芯多模光纤敷设，支线同模拟音频线型。

（3）敷设方式：竖向干线敷设于金属线槽内，分支线可采用金属线槽或 JDG 钢管敷设，由分支线槽引至扬声器采用 JDG 钢管在吊顶内敷设，如果为壁挂式或吊装音箱则在其上方吊顶内敷设管线，沿吊杆配至音箱。

（4）消防联动：建议从消防控制室配 3 根以上 NH-RVVP 2×1.0 线缆，敷设于消防线槽内引入广播中心，分别为扬声器电源、报警、广播提供联动控制。

4. 扬声器

（1）民用建筑的走道、大堂、前室等公共场所扬声器依据规范一般安装功率不小于 3W，根据现场情况确定平面位置。

（2）酒店客房用扬声器依据规范一般安装功率不小于 1W。

（3）地下车库、餐厅等环境噪声较大的场所依据规范应大于环境噪声 15dB，设计时一般扬声器的安装功率不小于 5W。

（4）室外园林景观用扬声器，一般可以按安装功率在 10W～20W 考虑施工图预留。

（5）公共走廊、电梯前室、轿厢、办公室、大堂等区域采用吸顶扬声器；楼梯间、设备机房、地下车库等区域采用壁挂扬声器。

三、公共广播设置场所

（1）办公、商业、酒店、住宅等民用建筑的公共区域宜分别设置独立的背景音乐及紧急广播系统，条件或造价不允许时，公共区域的背景音乐与消防应急广播可共用一套扬声器，平时播放背景音乐及业务广播，火灾时可通过强切模块播放紧急广播。

（2）扬声器主要安装于下列场所：大堂、走廊、客梯轿厢、电梯厅、车库、一般会议室、餐厅、商场、娱乐场所、酒店客房、楼梯间、公共卫生间、避难层、室外园林等公共区域及其他人员长期停留的场所。

四、公共广播的功能

1. 背景音乐功能

（1）设置音响切换设备，对节目源音频进行循环播放；
（2）控制中心分区设置强切音量开关，并可分别调整各区域音量大小；
（3）控制中心设置分区呼叫话筒，可以对任意一个区域发布广播通知；
（4）系统广播分区设计时建议与建筑防火分区一致，方便中心主机分区控制。

2. 消防应急广播功能

（1）火灾应急广播与背景音乐一般共用一套音响装置，在走廊、大堂、电梯门厅、电梯轿厢、公共卫生间、餐厅等噪声不大的公共活动场所宜设置背景音乐兼火灾应急广播，地下层车库区域等环境噪声较大的场所设置火灾声光报警，重要机房或后勤区域宜仅设置应急广播，火灾应急广播优先于其他广播。

（2）广播区域应在满足火灾应急广播区域划分的前提下，按照建筑功能的合理性进行划分，要求主机对系统及扬声器的状态进行不间断监测，系统应具备隔离功能，某一个回路扬声器发生短路，应自动从主机上断开，以保证功放及控制设备的安全。

（3）遥控传声设备置于消防控制室，系统平时可播放音乐节目或进行广播通知，在出现火灾情况下，系统自动切断正常播音，自动强行切换至紧急广播状态，对所需要的报警的场所进行火灾应急广播。

（4）火灾事故广播输出分路，按疏散顺序控制，播放疏散指令的楼层控制程序，当二层及以上的楼房发生火灾，先接通着火层及其相邻的上下层；首层发生火灾，先接通本层，二层及地下各层；地下室发生火灾，先接通地下各层及首层。火灾发生时，消防控制中心能显示紧急广播的楼层，消防控制室值班人员根据火情，自动或手动进行火灾应急广播，及时指挥、疏导人员撤离火灾现场。

五、公共广播系统设计思路

宜根据工程大小确定公共广播规模，根据项目配套设计及预算的情况选择采用数字或模拟音频的传输方式，以确定公共广播系统设计的系统构架，可分为如下几种类型：

1. 低阻大电流模拟传输方式

（1）场合：如小型建筑物，扬声器均在一个范围区间内安装时，适用于功率放大器与扬声器的距离不远的场所。

（2）系统结构：节目源设备-前置放大器-功率放大器-扬声器。

（3）特点：低阻大电流的直接传输方式，由前置放大器拾取输入的信号，功率放大器放大电流，推动低阻的扬声器发出声音，电流大传输距离短。

（4）布线：系统采用模拟音频方式，传输线采用音频四线制线，消防广播切换在音量控制器处进行切换。如图11-1所示：

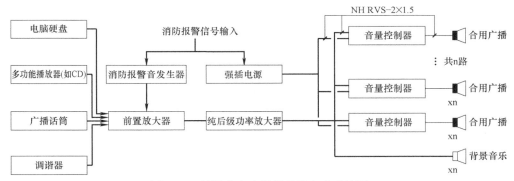

图 11-1 低阻大电流模拟传输方式系统图

2. 定压式模拟传输方式

（1）场合：如中型规格的建筑物，公共广播传输音频距离一般较远，且末端扬声器数量较多，对音质的要求不是特别高的场所。

（2）系统结构：节目源设备-前置放大器（调音台）-线路放大器-功率放大器-模拟音频矩阵-扬声器。

（3）特点：为了减少传输线路引起的损耗，往往采用高压传输方式，即定压式方式传输，定压传输的方式在末端可以提供较高的电压水平，传输的压损小，传输距离长，并可连接多个扬声器；模拟音频矩阵可以实现分区播放广播的功能，广播系统可对任意分区进行定点广播而不干扰其他广播分区正常广播，也可进行全区域广播，公共广播子系统通过音频矩阵进行分别控制，统一管理，当不进行分区控制时系统中可不设置模拟音频矩阵。

（4）布线：根据所要传输的距离长短确定输出电压，室外园区等距离较远场所建议选择100V，室内的公共空间可选择70V，传输线要求不高，布线系统也属于模拟音频方式，传输线采用音频线三线制，统一在机房端进行消防切换。如图11-2所示：

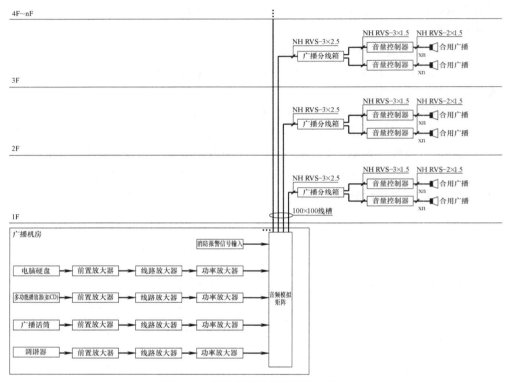

图11-2　定压式模拟传输方式系统图

3. 独立建网的数字音频矩阵系统

（1）场合：对于大型建筑物且公共广播系统独立组成系统的类型，建议采用数字公共广播系统。

（2）系统结构：节目源设备-数字调音台-数字音频矩阵控制器（服务器）-功率放大器-扬声器。

（3）特点：使用了数字调音台，数字调音台也称数字音频矩阵，是将传统模拟系统的调音台，配线矩阵，解码器，均衡器等众多设备都集成在一起，除了音源、功放和扬声器，所有中间和周边设备的功能都由数字音频矩阵实现，在声音的处理方面效果调音台较前级放大器有大幅提升，可以提供优良音质；自带的数字音频矩阵及控制器实现了模拟音频矩阵的分区广播及消防应急广播的功能，由于数字信号不需要再提高传送电压，故不再需要设置线路放大器。

（4）布线：音频部分线缆依然为音频三线制即可，统一在机房端端进行消防切换。计算机与数字音频矩阵控制器之间采用RS232协议接口。如图11-3所示：

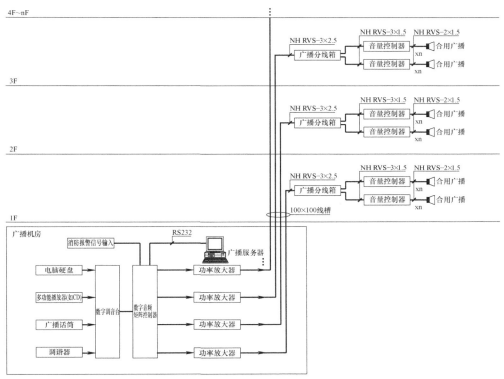

图11-3 独立建网的数字音频矩阵系统图

4. 并入设备网的数字音频矩阵系统

（1）场合：大型建筑物已设计综合布线设备网的场所。

（2）系统结构：节目源设备-数字调音台-汇聚层交换机（光纤为光交换机)-接入层交换机-解码器-功率放大器-扬声器。

（3）特点：各种子系统的数字信号集成在数据网络内，公共广播系统通过共用汇聚层和接入层交换机将数字公共广播设备实现并网，利用综合布线设备网的网络平台来实现数字音频信号传输，不再另行布设干线系统。

（4）布线：干线传输依靠设备网的传输系统即可，在很多大面积场所公共广播区域面积较大、传输线路较远，可依据项目情况选择光纤进行传输。支线采用超五类以上非屏蔽双绞线来进行传输，它是将音频信号和控制信号集中在一根双绞线上，不仅大大地节省了安装和布线成本，系统维护及系统工作和可靠性较高，具有更远的传输距离和更好的传输效果。如图11-4所示。

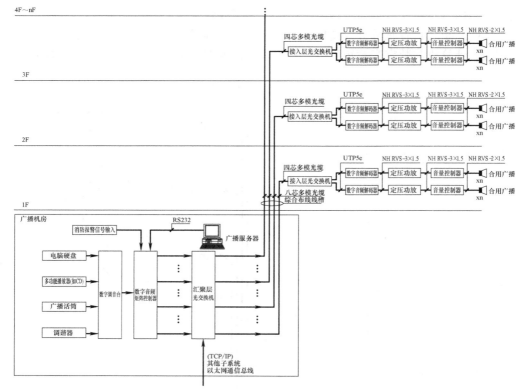

图 11-4 并入设备网的数字音频矩阵系统图

六、公共广播系统安装

(1) 火灾应急广播与背景音乐合用系统在消防控制室设置火灾应急广播机柜，表示在消防系统中即可，如果仅为背景音乐使用，公共广播控制室可与有线电视机房合用或独立设置。

(2) 扬声器安装：地下车库宜设置 5～6W 扬声器，安装在距地 2.5m 左右的结构柱上；地上部分的公共走道设置 3W 扬声器，有吊顶处安装在吊顶上，无吊顶处安装在顶板上吸顶安装；客房设置 1W 扬声器，设置在有吊顶处吸顶安装。

(3) 非消防扬声器的间距：1) 在大堂、电梯厅、休息厅等小型开敞空间可采用 $L=(2\sim2.5)h$ 进行估算；2) 在公共走道等狭长形空间可采用 $L=(3\sim3.5)h$ 进行估算；3) 大型会议室、多功能厅、餐厅等大型开敞空间可采用 $L=2(h-1.3)\mathrm{tg}(\varphi/2)$ 进行估算，其中 h 为扬声器距地高度，φ 为扬声器与水平线所成角度，一般为垂直安装即为 90°，举例：如餐厅面积 200m²，安装高度 $h=4$m，扬声器垂直安装，则 $L=2(4-1.3)\text{tg}(90°/2)=5.4\text{m}$。

（4）除此之外消防广播还要依据消防规范的相关要求：民用建筑内扬声器应设置在走道和大厅等公共场所；每个扬声器的额定功率不应小于 3W，其数量应能保证从一个防火区内的任何部位到最近一个扬声器的距离不大于 25m；走道内最后一个扬声器至走道末端的距离不应大于 12.5m。可见规范《火灾自动报警系统设计规范》GB 50116—2013 中 6.6.1.1 条，并需要同时满足其在环境噪声大于 60dB 的场所设置的扬声器，在其播放范围内最远点的播放声压级应高于背景噪声 15dB 的要求。

七、公共广播系统电源

（1）小容量的广播机柜由插座直接供电即可，当容量在 500W 以上时，设置广播控制室，其供电可由就近的电源专线供电，有火灾事故广播功能的音响控制室电源采用消防电源，应自备 UPS 或蓄电池组作为备用电源，能够满足应急广播系统运行不少于 3h。

（2）背景音乐系统功率放大器额定容量为扬声器计算总容量的 1.2～1.3 倍，备用机功率放大器可手动或自动投入。火灾紧急广播系统功率放大器额定容量不小于火灾时需同时广播的范围内火灾紧急扬声器最大容量总和的 1.5 倍或最大的三个分区所有扬声器计算负荷之和的 1.5 倍。广播用交流电源容量一般为最终实施的广播设备交流电耗容量 1.5～2 倍。

（3）交流电压偏移值一般不宜大于 +10%，当电压偏移不能满足设备的限制要求时，宜装设自动稳压装置。

第十二章 常见能源管理系统

一、能源管理系统概述

1. 概念

建筑能源管理系统（Energy management system，简称 EMS）是将建筑物或者建筑群内的变配电、照明、电梯、空调、供热、给水排水等能源使用过程的数据记录，进行集中监视、管理和分散控制的系统，是实现建筑能耗在线监测和动态分析功能的硬件和软件系统的统称。早期 EMS 系统常使用在电力或钢铁等大型工业企业，最近几年随着民用建筑对于能耗控制要求的提高，EMS 系统逐步在一些大型的公建中得以应用，并成为未来电气节能设计的一个重要方向，需要引起足够的重视，在民用建筑中 EMS 系统主要针对空调冷量表、热量表，电气系统多功能电表、给排水系统的远传水表等设备进行监测和分析。

2. 作用

通过实时监控建筑物中各种能源的使用情况，可以对能源使用状态提供直观的参数依据，通过数据分析，可以达到目的：

(1) 可以提高企业管理水平及降低运营成本，使能源使用合理，杜绝浪费，达到节能减排的目的；

(2) 寻找高效的设备运行模式及去除低效运行的设备；

(3) 发现能源运行的异常情况，对安全运行提供保障；

(4) 将用电高峰期适当调整，降低电费支出。

3. 主要功能

(1) 进行数据采集：通过安装在设备末端的计量仪表，采集水、电、燃气、热能等能耗指标。计量装置宜具有数据远传功能，通过现场总线与数据采集器连接，可以采用多种通信协议（如 M-BUS 标准开放协议）将数据输出，通过采集模块将各楼层的水表、冷热量表、电表等数据采集并实时上传至主机，实现能源的远程计量和管理。

(2) 实时动态监测：主要针对建筑物中的重点机房（如变配电室、空调机房、生活水泵房等）和重点设备如制冷机组等。

(3) 采集的数据上传、存储：先将数据压缩、加密后进行传输，再将数据解密、解压后存储至数据库。系统通过采集模块将楼层租户的水表、电表通信等并实时上传至主机，实现能源的远程计量和管理，管理主机可设在工程办公室或物业办公室。方便授权部门的数据需求，同时系统软件可满足用电设备至少一小时记录一次的需要，并可保障一年的储存记录。

（4）数据处理分析：针对各种不同能耗指标，通过统一的系统平台处理分析，得到各种能耗指标和能耗图表。管理系统主机具有能源管理、计量、报表打印、收费管理等功能，并可以提供与财务室或其他管理部门的通信接口，使能源消耗数据得以共享，方便其他授权部门的数据需求。

4. 系统联动

能源管理系统进行前端能源监控，将系统的各计量装置、数据采集器和能耗数据管理软件对各监测点进行数据分析，根据监控的情况反馈至楼控系统，通过楼控进行运行调整，如照明系统通过智能电表的实时测量和长期统计，发现电能高峰使用时段和使用设备，然后通过灯控或楼控系统对用电时段进行调整，达到削峰填谷的供电优化；当发现给水系统中的远传水表长时间持续运行，结合现场检查以发现浪费用水或漏水的情况，核实后通过楼控系统对电磁蝶阀予以关断；也可根据对空调系统中冷量表或热量表的监测及温度探测器的反馈，通过楼控系统控制风阀开度，以达到最合理的舒适度。

二、能源管理系统组成及设置位置

1. 系统组成

能耗数据管理层（管理主机）、信号中继层（通信转换器）和能耗数据采集层（终端远传表）组成硬件平台；由系统软件、报表系统、网络协议等构成软件平台。

2. 智能仪表设置位置

（1）多功能电力仪表：在功能划分及需要单独计量区域的井道或楼层的照明、动力配电箱内；高压计量及低压进线；低压出线回路及低压母联等。

（2）智能热量、冷量仪表：冷冻机房、空调机房、锅炉房的主干管道；暖气分户计量的入户管道处。

（3）远传水表：各租户或业主给水入户支管处。

三、能源管理系统设计思路

1. 末端仪表设计

能源管理系统目前厂家较多，末端各种智能表的支持网络协议也较为不同。

（1）多功能电力仪表主要执行《多功能电能表通信协议》DL/T 645—2007

及 RS 485 总线接口。

（2）远传水表及中央空调的冷、热计量表可以一般支持 RS-485、M-BUS 或 RS232 通信接口，设计时需注意计量设备如果为 RS232 接口，并入系统时需要设置 RS232/ RS485 或 RS232/ M-BUS 转换器。

（3）如果为改造项目或采用无线采集系统，则需现场设置 GPRS 信号模块进行信号发送，设置协议转发模块，用来将各种不同设备的协议统一为用户需要的协议，使 RS232/ RS485 转换器得以接入。如图 12-1 所示：

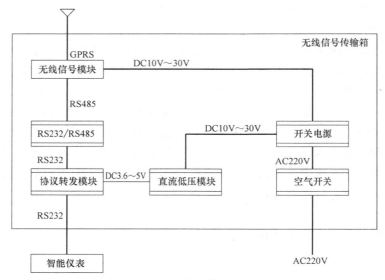

图 12-1　无线信号传输箱示意图

2. TCP/IP 以太网＋RS485 总线系统构架

（1）能源管理系统上层网络采用 TCP/IP 以太网星型拓扑结构，可并入建筑物综合布线设备网或楼宇自控网络，在管理中心设置中心服务器和汇聚层（或核心层）交换机，楼层弱电管道井或一个控制区域设置接入层交换机，上层网络采用超五类非屏蔽双绞线进行布线。

（2）接入层交换机之后设置以太网网关，其可将 RS485 串口设备连接至以太网中。

（3）下层网络采用 RS485 链式总线结构连接各种计量仪表，由于多数仪表都配有 RS485 接口，可直接联网构成分布式系统，设计中常采用特性阻抗为 120Ω 的双绞线设计，使用该种传输介质的 RS485 总线可并联 32 台末端采集仪表。如图 12-2 所示。

3. M-BUS 总线构架

（1）上层网络平台采用 M-BUS 总线协议，为管理中心设置中心服务器和区域

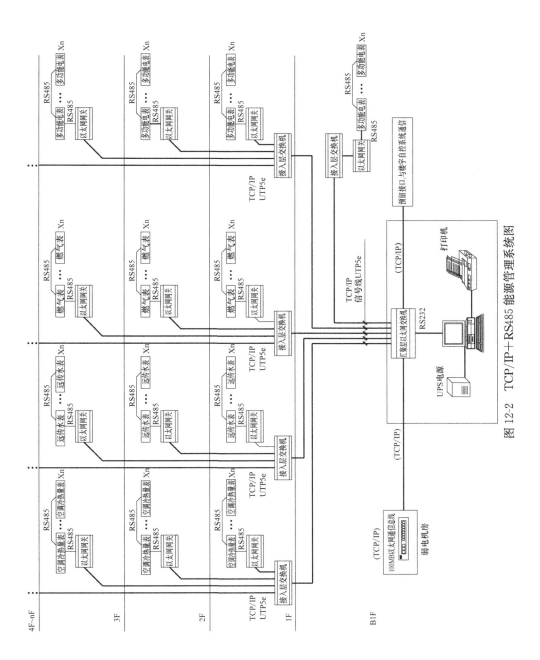

图 12-2 TCP/IP＋RS485 能源管理系统图

管理器之间建立远程通信，通过中心服务器的信号转换器将 RS232 通信接口协议转换为 M-BUS 通信接口协议，M-BUS 总线为仪表总线，主流水暖设备计量仪表都有接口，可直接并 M-BUS 网的优点，所以仅多功能电表采用为 RS485 总线接口。

（2）各类信号汇总至区域管理器，区域管理器负责一定区域范围内的数据采集工作，还提供了强大的网络通信和监控功能，可以兼容 RS485 和 M-BUS 的协议，并将所采集数据打包发向中心服务器，一个区域管理器上的 2km 仪表总线可挂 64 块表。

（3）当通信距离超过 2km 时，需设置 M-BUS 中继器，设置在区域管理器后，可延长 M-BUS 总线协议设备组网距离 2km，区域管理器之间相互级联，不区分主从，配合 M-BUS 中继器使每级设备带载量增大，实现更远距离的组网。如图 12-3 所示。

4. 设备安装、线缆敷设

（1）系统主机位置建议设置在首层消防控制中心内，也可设置于有人值班的弱电机房内。如果单独组网系统布线可利用综合布线线槽敷设线路。

（2）采用 RS485 总线及 M-BUS 总线方式进行数据传送时使用线缆型号均可为特性阻抗为 120Ω 的双绞屏蔽电缆，如 RVSP 2×1.0 SC20。

（3）TCP/IP 以太网＋RS485 总线系统中，主干网络可采用超五类以上非屏蔽双绞线或多模光纤组建网络，可并入综合布线系统，光纤组网需在中心机房和接入层交换机处分别设置光发送机和光接收机，末端采集分散仪表后，汇入接入层交换机，统一通过光纤上传服务器。当然也可以直接使用光交换机，可参见 11 章图 11-4 的方式，本章不再复述，采用光端机系统如图 12-4 所示。

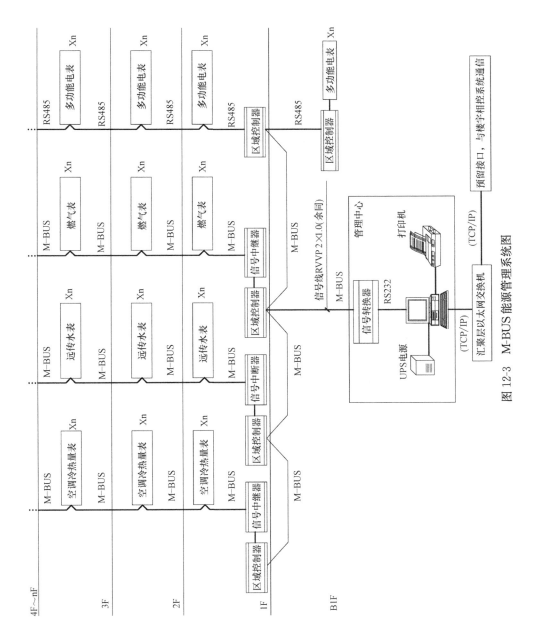

图 12-3 M-BUS 能源管理系统图

161

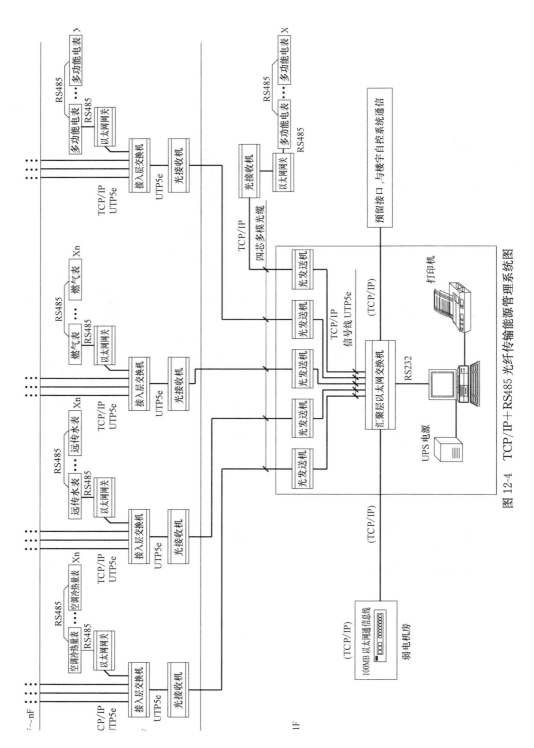

图 12-4 TCP/IP＋RS485 光纤传输能源管理系统图

第十三章 常见场所弱电系统设计思路

一、医院专用弱电系统

医院专用弱电系统一般由专业公司进行深化设计。在施工图设计中仅预留弱电干线线槽，但需要对于设计内容的进行概述，表述完整，对于弱电系统的拓扑图应该相应的完善。规范出处为《医疗建筑电气设计规范》JGJ 312—2013 中10.0.2 条"医疗建筑的智能化集成系统应包含信息设施系统、建筑设备及诊疗设备监控系统、公共安全系统及呼叫信号系统等"故主要包括如下子系统：

1. 公共显示系统：

在首层公共大厅设 LED 或液晶显示屏，作为信息发布设备系统，由入口大厅显示屏、各诊室信息显示屏、多媒体触摸屏等组成，功能为显示和查询各种故医疗信息，包括就诊引导、出诊医生介绍、就诊叫号、咨询、各类价格显示、收费等。主机设置于控制管理室。触摸屏查询系统，多设于门诊或住院入口处设触摸屏查询系统，由弱电深化单位预留网络接口，所以线缆多采用超五类双绞线及以上线缆作为末端。该两种系统图可以参见第八章中相关内容，这里不再做表述。

2. 叫号显示系统：

门诊室需要设置独立的叫号系统，室内设置叫号灯主机，门口设置叫号显示灯，排队叫号系统采用嵌入式设计，将排队叫号功能内嵌到各门诊工作站，使医生站、药房发药窗口、收费系统等之间可进行实时数据传输，优化了病人就诊流程，将信息集成于一个平台，提高就诊整体运作效率，缩短病人就诊时间。信息发布、IPTV、叫号系统等综合于一个平台之下，拓扑如图 13-1 所示。

3. 病房呼叫系统：

规范出处为《医疗建筑电气设计规范》JGJ 312—2013 中 14.2.1 条："二级及以上医院应设置候诊呼叫信号系统"。

（1）线缆敷设：系统同样多采用 RS485 总线或是 CAN 总线，可视对讲主机与可视对讲分机采用超五类双绞线连接至可视对讲专用交换机，施工图设计可以仅预留管路，待深化设计，如果距离超长也可以采用光纤，则两端设置接收发器。护士工作站（软件）安装于护士站专用电脑，管理主机安装于护士站。

（2）电源供给：设备配供电小电源，安装位置需提供 220V 电源，探视工作

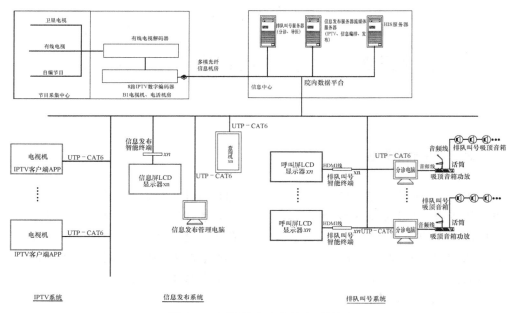

图 13-1 医院信息发布综合系统图

站（病人端）采用多功能摇臂固定在病床头的吊塔支杆上，设备采用超五类双绞线以上线缆连接至交换机；设备配供电的小电源，安装位置需提供 220V 电源，可来自于附近插座。探视工作站（家属端）安装于家属探视室，挂墙或桌面安装，采用超五类双绞线连接至交换机，同样设备配供电小电源，安装位置需提供 220V 电源，也可以来自电源插座。

（3）系统构成：病房设置总线制护理单元对讲呼叫系统，各病房与护士站之间配置双向对讲呼叫系统，输液室与护士站之间配置呼叫系统，输液将完毕时病人可呼叫护士。护士站和输液室设显示屏同时显示患者的病床和房间号，在楼道设吸顶安装大尺寸显示屏，或在走道墙壁上装设显示屏，两地均装有复位按钮，并与主机显示屏同步显示，平时显示时间，有病人呼叫时，滚动显示呼叫序号和床位号。

（4）设备设置要求：本工程各层病房设置呼叫对讲系统，护士站设置呼叫对讲主机，接收病房区的呼叫，有声光提示，各病床设备带上设置呼叫分机，呼叫分机自带手持呼叫器，护士站主机可连接计算机，显示管理病人呼叫情况。为了避免摆动，可用磁吸式手柄，吸附于墙上，高级单间病房及重病房卫生间内加装呼叫按钮，呼叫分机有输液报警器插孔，可插输液报警器。升级呼叫，呼叫信号经 1~2 分钟延时，无人应答时，可将信号接通医生办公室或值班室内的小显示屏及振铃。

（5）设备安装要求：医护系统门口机高度1500mm。病床分机设在病房床头装置，无障碍卫生间和浴室内设紧急呼叫按钮。床头屏安装在医疗带上，卫生间呼叫安装高度800mm，此系统与医院的计算机管理系统联网，由弱电深化单位与病房呼叫系统统一考虑，电压不大于50V。如图13-2所示。

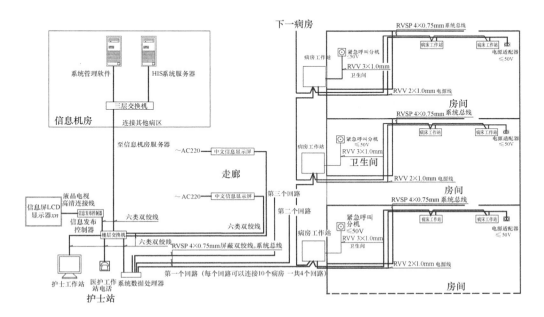

图13-2 病房呼叫系统图

4. 手术部和ICU的电视监控、探视对讲、示教布线系统：

（1）ICU设置探视对讲系统：规范出处为《医疗建筑电气设计规范》JGJ 312—2013中：14.4.1条："三级医院的重症监护室或隔离病房等场所，宜设置病房探视系统"。

1）设置位置：在ICU、检验科、手术室、换床、换鞋入口、污车入口处，消毒供应中心主入口均需设置门禁系统。内部可视对讲系统在人员入口处外边设置内部可视对讲主机，在办公区和工作区设置内部可视对讲分机，任何一处的内部可视对讲可通过按键选择呼叫其他处的内部可视对讲。

人员可通过设置在门口的可视对讲门口机与ICU护士站、检验科主任办、手术室护士站、消毒供应中心护长办联系，经同意后由相关工作人员遥控开门进入。系统可实现门口主机与室内分机之间的呼叫、对讲功能。刷卡密码门禁由大楼统一配置。

2）系统设计：电源来自市电AC220V，护士站和换鞋入口、污车入等处可采用现场电源插座，多采用DC12V开关电源供电于设备（规范要求为≤50V），信号部分采用超五类双绞线及以上，信号线可以采用RVV-2×1.0及以上的护套软线，外部门卡及内部的按钮均可导通电源控制器，进而打开电磁锁。

手术部和ICU宜分别设置一套可视对讲门禁系统，ICU每张病床及病患缓冲间均设置探视对讲电话。各科室主入口处均设置彩色可视对讲门口机，各护士站设可视对讲室内分机。人员可以通过门口主机呼叫可视对讲室内分机，经同意后由护士站遥控开门进入。系统可实现门口主机与室内分机之间的呼叫、对讲功能，如图13-3所示。

（2）护士站设置探视系统主机，家属可通过对讲电话呼叫探视系统主机，探视分机、病床分机都自带摄像头，探视分机先呼叫护士站主机，由护士站再转接至要探视的病床分机，进行双向可视对讲。主机上相应的探视回路指示灯亮，同时伴有音乐声提示，待护士站主机接听，并转接至相应病床后，并且将病人的视频画面自动转接到病患缓冲间的监视器上，实现家属视频探视对讲。如图13-4所示。

（3）手术部和ICU可分别设置一套电视监控系统。在手术部的每间手术室、恢复室、ICU及MICU的每张病床、各科室主入口处均设置彩色半球摄像机，系统布线分别引至各护士站电视监控系统主机上。监控系统由硬盘录像机和液晶显示器等设备组成。系统可实现视频图像的任意切换、任意组合排列、画面的集中监控、同时实现单画面、多画面的显示以及实时录像、图像查找等功能。监控系统图可详见第二章内容，此处不详述。

（4）数字化手术室设计概要：

1）手术示教系统：手术室预留术中摄像机和拾音器布线，以满足日后会诊、教学需要。实现手术过程中场景画面和术野影像的同步录制，可支持1080P全高清画质以满足日后教学和会诊需要。

2）布线：引至示教室内。示教室到弱电间的光纤及示教室、手术室内所有示教布线均由为设计预留管路。

3）系统构成：数字化手术室设计包含手术示教系统、设备控制系统以及信息集成系统。中控室主要设备包含数字化中央处理服务器，数字化手术室云服务平台、医用设备机柜以及大容量网络存储系统。

4）设备构成：数字化手术室每间主要设备包含数字化手术室主机、手术室示教工作站、医用高清显示器、音频设备，数字化手术室嵌墙显示器、全景摄像机、术野摄像机、数字化手术室设备机柜以及手术间示教系统；示教室主要设备包含数字化示教室主机、示教室观摩工作站、全景摄像机、示教室大屏幕显示器、数字化示教室音频设备以及数字化示教室设备机柜等。如图13-5所示。

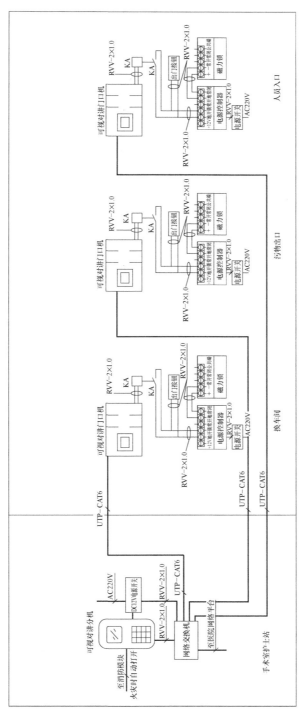

图 13-3 手术部和 ICU 可视对讲门禁系统图

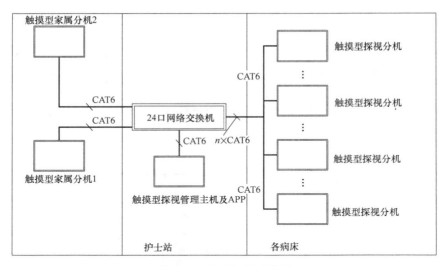

图 13-4 病房探视系统图

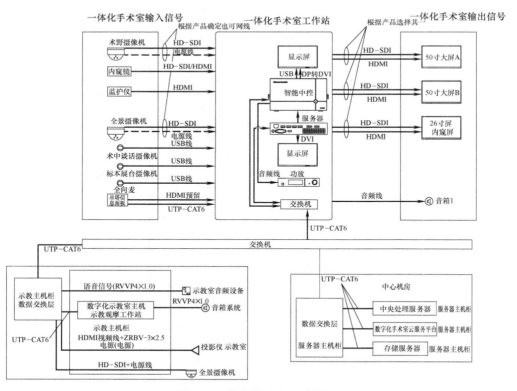

图 13-5 数字化手术室系统图

（5）远程医疗会诊系统及病案管理系统：采用电子病历，将观察检查结果、诊断结论、治疗情况储存在数据库里，方便医生提取查询。会诊系统则是把病人的基本情况、各种化验数据、超声资料、CT 片、X 光片等图文资料通过通信线路传至会诊中心，本医院医师可与远方的医师、病人进行面对面的讨论、分析，得出诊断意见和治疗方案。本系统利用多媒体计算机、视频会议系统、远程会诊系统、程控电话，和各大医院展开远程会诊。

5. 主计时子母钟系统：规范出处为《医疗建筑电气设计规范》JGJ 312—2013 中 11.0.11 条："三级医院宜设置子母钟系统"。医院子母钟系统主要为全医院提供统一的准确时间，其主要作用是为整个医院的服务器平台、手术室控制系统以及其他弱电子系统提供标准的时间，在医院的意义更重大，准确的标准时间可以给护士站的工作人员对特护病人，重症观察患者提供及时、精确的护理时间。

（1）子母钟系统主钟设置于控制室，子钟分别设置于各层，在麻醉室、手术室、供氧呼吸系统等多设计子钟，考虑到时间准确对于手术的重要性，则信号传输线建议采用屏蔽双绞线，而非非屏蔽双绞线，则是需要注意的，需要精确测量的场所、设备多建议采用屏蔽双绞线，而只是负责开关电源或是信息传输的设备则多采用非屏蔽双绞线。

（2）电源记住设置，一个母钟可带多个子钟，母钟对系统内子钟实时监控，显示子钟工作状态，母钟对系统内子钟进行点对点控制，系统故障声光报警，母钟警报状态显示，母钟年月日、星期、时分秒显示，子钟根据需求可选指针式或数显式。

（3）总线选择：建议采用 RS485 总线或者 CAN 总线，根据距离长短而定，距离较远可选择 CAN 总线，可传输 10km 及以内仍然保证信息的，但考虑建筑内部距离有限，多在 1km 以内，所以其实 RS485 也已经够用，所以两种标准的外部接口均可，可由设计确定，布线上均可以采用超五类及以上屏蔽双绞线，电源线采用 ZR-BV-3×2.5 等，设计按情况确定。如图 13-6 所示。

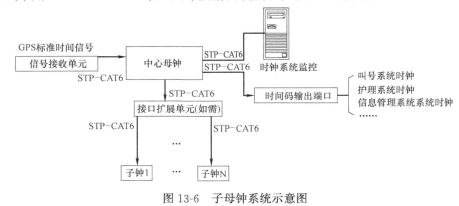

图 13-6 子母钟系统示意图

6. 胎心监护主机和分机：

产科护士站设置胎心监护主机，胎心监护室设置分机，主机与分机相连，以便护士能及时了解病人情况，同样建议采用 RS485 总线或者 CAN 总线，布线上均可以采用超五类及以上非屏蔽双绞线，电源线采用 ZR-BV-3×2.5 等，就近接插座即可，设计按情况确定。拓扑图如图 13-7 所示。

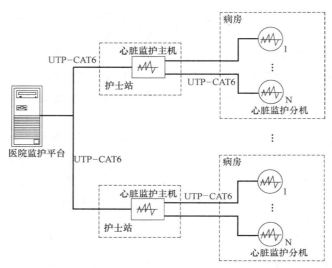

图 13-7 心脏监护系统示意图

二、学校弱电系统

1. 教室弱电系统：学校的弱电系统与办公类建筑的弱电系统并无不同，但是在末端教室的多媒体部分，却是有所不同，也更为典型，所以针对教室的末端系统这里进行介绍。

（1）规范要求：在《中小学校设计规范》GB 50099—2011 中 10.4.1 条："中小学校的智能化系统应包括计算机网络控制室、视听教学系统、安全防范监控系统、通信网络系统、卫星接收及有线电视系统、有线广播及扩声系统等"。可见末端教室需要考虑的设计内容包括了视听、广播、安防、扩声、网络等内容。

（2）教室弱电系统：网络系统根据项目情况按常规模式进行设计，如网线端口可选用超五类线及以上；电话线（如有，目前班级已多不设置）选用超五类线或是电话软线，电视支线可选用 SYWV75-5 电视干线选用 SYWV75-9（如利用网络信号则可以取消）；广播、音乐铃线路可选用 BV-2×2.5，竖向敷设可选用 BV-2×2.5 干线，如设置广播开关，如可距地 1.4m，扬声器安装高度 2.4m；教室的侧前方及正后方建议考虑设置监控探头，分别用于授课过程直播及考试监控，距地 2.5m 位置设网络出线，监控线路可选用 SYWV75-5＋BV-3×2.5（模拟）或是超五类线（数字），各子系统线缆汇至原有系统，如楼层集成的网络机柜，所有线路穿管敷设，如 JDG20；红外报警器设于班级门口处，线路可选用 BV-4×2.5，也并入原安防系统。

（3）教室多媒体系统：多媒体单独设置机柜，机柜系统可以参考会议系统，如正面投影位置敷设 VGA 线一组（如果为 HDMI 线做相应的修改），控制线一组，电源线 BV-3×2.5，可敷设 2×JDG25；USB 出线口可距地面 0.9m，由多媒体机柜敷设 USB 线一根至 USB 出线口；多媒体机柜至广播器（如有，或也可设备自带外放）可采用 BV-2×2.5；多媒体机柜至投影幕布位置可敷设 BV-4×2.5；多媒体机柜至 VGA 出线口敷设 VGA 线一组（如果为 HDMI 出线口做相应的修改）；所有线路可加穿 JDG20 敷设，同组线路敷设在同一管路内，具体根据线型对管径适当调整。如图 13-8 所示。

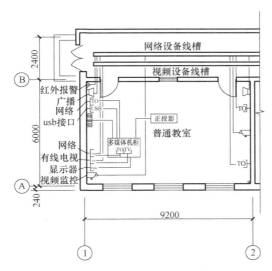

图 13-8　教室弱电平面示意图

2. 学校电铃系统：

电铃控制属于独立系统，控制器完成时间和功能的设置，控制器电源来自 AC220V 交流回路，无供电等级的特殊要求，相线及中性线即可，配出同样也是相线及中性线，如 BV-2×2.5，各控制器所带电铃数量并不等，需要按照终端的功率合计后选择电铃控制器，如果功率较大和数量较多，分层设置控制器也可。但考虑施工图的深度要求，可以绘制预留管路如 SC20 即可，如图 13-9 所示。

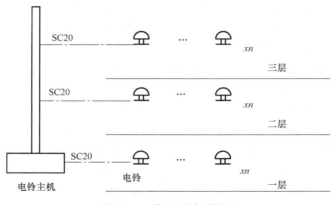

图 13-9　学校电铃系统图

三、体育建筑常见弱电系统

1. 比赛信息发布系统：

（1）规范要求：可见《体育建筑电气设计规范》JGJ 354—2014 中 15.2.2.1 条："特级、甲级体育建筑应设置比赛信息显示屏和视频显示屏；乙级体育建筑应设置比赛信息显示屏，并宜设置视频显示屏"可见信息发布是必须要设置的系统。

（2）比赛信息显示系统概念：指的是比赛时，场馆内设置在各个不同功能分区的信息显示装置（显示器、电视机等）的信息显示及其传输、控制系统。体育场的信息发布系统是场馆比赛时向运动员、教练员及广大观众提供实时的比赛成绩公告、赛程安排和现场比赛画面服务的系统，如各比赛单项的远程报名、各比赛的现场编排及成绩处理、各比赛单项赛事成绩、秩序册的生成、各比赛单项赛事成绩信息的即时发布、统计与发布。

（3）特殊性：系统设计与信息发布系统中内容一致，只是末端多为更具有专业性质的场所，而前端功能性也更烦琐，可见对于场地运行的工作站往往不是一台就可以实现，也需要单独设置专用服务器，末端场所大体可分为运动场地区域、新闻媒体区域、观众区域等，可参考下拓扑图。

（4）比赛信息发布系统的设备安装：由于信息发布通过体育场的网络系统进行数据的传输，故采用非屏蔽 5 类线及以上缆线即可，末端的数码接收插座可设于高度 2.2～2.5m 处，方便连接显示装备（显示器、电视机等）。如图 13-10 所示。

2. 影像采集与回放系统：

（1）规范要求：可见《体育建筑电气设计规范》JGJ 354—2014 中 15.6.1

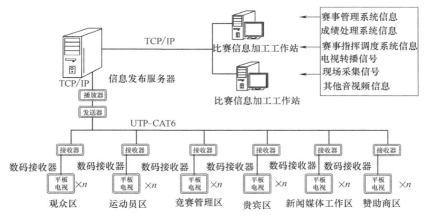

图 13-10 比赛信息发布系统图

条:"体育建筑的现场影像采集及回放系统在比赛和训练期间,应能为裁判员、运动员和教练员提供即点即播的比赛录像或与其相关的视频信息",故该系统应有说明或是拓扑图。

(2) 系统概念:体育场馆影像采集及回放系统具备视频采集、存储、视频图像的加工,处理和制作功能。在比赛和训练期间,能为裁判员、运动员和教练员提供即点即播的比赛录像或与其相关的视频信息。系统也能把现场视频信号通过场馆的比赛中央监控系统,供给场馆内的全彩视频显示屏,电视终端播放现场画面。并且视频调制设备把摄像机采集的模拟视频信号,传送到场馆的闭路电视前端机房,经调制设备调制后,送入场馆的闭路电视网,作为路或多路电视节目进行播放。

(3) 系统原理:与监控系统并无两样,常规还是多采用模拟系统设计,估计仍是考虑系统的稳定和可靠性,该系统主要由现场摄像部分、视频服务器部分、视频调制设备组成,视频编系统采用压缩解码、编码进行信号的转换传输,视频编码器可将摄像机等设备采集来的模拟信号,压缩输出为数字视频码流,通过网络实现视频传输,可以利用集成的数据通道对远程各类设备的进行控制操作,解码器将网络中的数字信号还原为模拟信号输出到机房的工作站及服务器中。

(4) 影像采集点设置原则:根据比赛项目电视转播的要求,需设置多个影像采集点,设于在比赛场地四周,中小型的室内馆如综合馆、篮球馆、游泳馆等,可设置于四角,各设一台;大型室外场地一般设置八~十二台,依据场地大小设计来定,不建议少于六台。

(5) 视频采集服务器和场馆的信息网络系统连接,并通过网络技术,使得具有对视频采集服务器有访问和查询权的裁判、竞赛官员、运动队等可以通过计算机终端访问视频采集服务器,连接视频采集服务器的信号传输电缆、云台控制电缆和摄像机专用电源线缆。如图 13-11 所示。

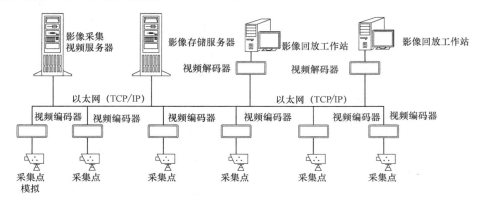

图 13-11　影像采集回放系统图

3. 场馆售验票系统

（1）规范要求：可见《体育建筑电气设计规范》JGJ 354—2014 中 15.7.1.1 条："售检票系统应具备现场销售和远程联网销售的功能"，售票网络平台的要求很重要，系统应该有所示意。

（2）系统概念：本工程的售验票系统是以条形码卡片或二维码等媒介为门票，结合集智能卡技术、信息安全技术、软件技术、网络技术及机械技术的智能化票务管理系统，它为体育场的运营管理、安全管理和赛事管理提供了有效的技术手段，是体育馆举办高等级比赛的保证，统一授权管理、分点售票、门禁系统验票、体育馆汇总日结、营业数据上传、馆汇总统计分析、财务结算。

（3）本工程的门票管理系统：多分为两种模式，第一种在观众进口分别设置验票闸机，并设有确保所有观众可以迅速入场，在比赛结束以后本系统可以将闸口自动打开，以方便观众能够迅速的离场。第二种为带无线网卡的手持机通过无线网络访问数据库，经过激光条码扫描，实现在线验票的功能。

（4）总线及配管：具有多种网络通信接口，网络平台采用以太网 TCP/IP（固定网）及 802.11 无线网络（离线网），有线网采用超五类及以上非屏蔽双绞线即可。如图 13-12 所示。

4. 计时记分及现场成绩处理系统：

（1）规范要求：可见《体育建筑电气设计规范》JGJ 354—2014 中 15.4.1.1 条："计时记分系统应具备完整的数据评判体系以及向现场成绩处理系统传输数据的功能"，不用多说为比赛场馆核心功能。

（2）系统概念：系统计时记分及现场成绩处理系统是体育场进行体育比赛最基本的技术支持系统，担负着所有比赛成绩的采集、处理、存储、传输和显示。计时记分系统作为采集、处理、显示比赛成绩及赛事中计时的系统，对赛事的顺

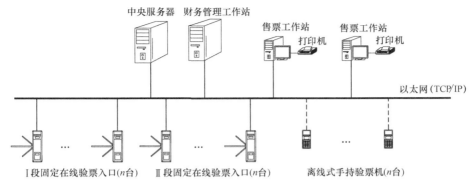

图 13-12 售验票系统图

利进行至关重要。

（3）系统应满足要求：1）计时记分系统从比赛现场获得各种竞赛信息将同时传送到总裁判席、计时记分机房、现场成绩处理机房。2）比赛用各种检测设备检测数据的精度须满足国家及国际各单项体育组织的要求。3）比赛用各种检测设备须具备良好的性能，室外用设备须具备防尘和防水功能，应能适应室内或室外的环境变化，并具备符合国际工业标准的联网接口，如 RS485 或是 CAN 总线，设计完成框图或是说明即可。

（4）系统组成：计时记分系统由硬件部分和软件部件组成，硬件部分包括采集比赛成绩的记分设备、数据传输设备、成绩显示设备、数据处理设备，撞线系统采用红外拦截器，终点摄像计时系统。是一种能够按照一定既定程序、赛事规则运行，自动拍摄和判读比赛过程中的各种数据，包括全部运动员冲线时的高速录像，从而为赛事提供了直观清晰的测量过程的回溯，以保证可以通过过程回放做出裁决。田赛及径赛都使用的风筒式风速仪，软件部分包括计时记分数据的采集处理信息加工和处理软件、成绩处理和发布软件等。

（5）计时系统总线及配线：可由无线或是有线信息传送，计时记分及现场成绩处理系统和大屏显示系统、电视转播系统、综合布线系统、赛事管理系统等相连。如图 13-13 所示。

四、老年人照护中心呼叫系统

1. 系统原理：（1）护理按下相应的老人床号码，相应对讲分机发出一声铃声，老人就可与护理对讲，服务中心呼叫终端以确认老人是否正常，如果没有回应则表明老人确实已有危险。（2）老人发生紧急情况报警，警报信号发出后，老人在分机上按下呼叫按钮后，管理机发出报警声，并且报警灯会闪烁，数码显示

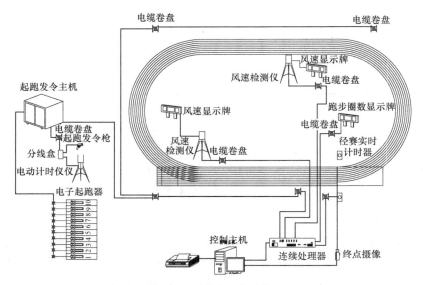

图 13-13　计时记分系统图

器显示报警分机的号码,护理人员提起话机,选通该分机,与之通话。(3) 电脑显示呼叫老人的床位和相应资料。(4) 每套房间的卫生间都安装紧急呼叫分机。

2. 规范要求:依据《养老设施建筑设计规范》GB 50867—2013 中 7.3.11 条:"养老设施建筑的公共活动用房、居住用房及卫生间应设紧急呼叫装置。公共活动用房及居住用房的呼叫装置高度距地宜为 1.20～1.30m,卫生间的呼叫装置高度距地宜为 0.40～0.50m"。进行设置。

3. 管线设计:(1) 护理系统采用总线制,分为供电部分和信号部分,信号部分可采用软线或是双绞线,设计时可以不进行表示,仅示意管径,方便预埋就可以。(2) 与残疾人卫生间呼叫系统意义相同,老年人照护中心系统规模大,故一般会单独设置呼叫系统,为弱电系而不再利用照明线路的做法。(3) 需要注意鉴于规范《民用建筑电气设计规范》JCJ 16—2008 中 17.6.2 条:"医院及老年

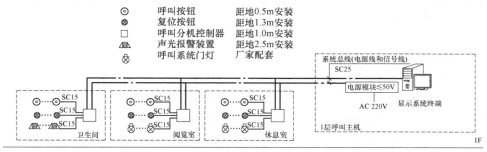

图 13-14　养老建筑求助呼叫系统图

人、残疾人使用场所的呼应信号装置，应使用交流 50V 以下安全特低电压"。如图 13-14 所示。

五、弱电机房接地

1. 强弱电机房接地的区别：弱电接地包括：数字地（数字信号零电位）、模拟地（模拟量信号的零电位）、信号地（其余弱电设备的零电位），这几种即为弱电设备看到的 GND 接口，为一种电位的参考点，此外还有屏蔽地（也叫外壳接地，类似于强电的保护接地，为防止静电感应和磁场感应）；强电接地则是工作接地与保护接地、防雷接地等，这里不详述，当我们说"强弱电共用接地网，那么接地电阻不应大于 1 欧"则主要指弱电的屏蔽接地，这时可以共用接地网，接地电阻可按各种系统的最小要求进行设计，但强电的接地与信号地、数字地，模拟地则不能共用，因为交流的接地系统中电源很不干净，容易产生静电感应和磁场感应，干扰使信号产生误判，故强电接地与数字地、模拟地、信号地必须互相隔离。

2. 弱电机房的接地要求：
(1) 规范要求：由上所见，施工图设计中的弱电机房接地多指屏蔽接地，往往采用组成紫铜带或是多股铜线作为接地材质，如《医疗建筑电气设计规范》GB 50343—2012 中：5.5.1.2 条："配线架的接地线应采用截面积不小于 16mm^2 的多股铜线接至等电位接地端子板上"类似规范要求很多，如 30×3mm 紫铜带又如铜编织带 50mm^2。

(2) 接地构架：接地的形式上也更为可靠，多采用 M 型接地网络，M 型网格形等电位连接结构适用于频率达 1MHz 以上电子信息系统的功能性接地及网格形式的接地式样，这方面资料对于电气施工图设计人员来说，一般很难直接判断，可以大约认为数据机房之类的电子类设备众多的机房，就可以采用 M 型接地网络，M 型接地网络安装在防静电地板下方，机房内预留的局部接地端子板（LEB），一端与机房内接地网络联结，另外一端与建筑公共接地系统联结。

(3) 接地设计：机房设备采用小截面的多股铜线，如 6mm^2 铜编织带，机房内要求设置静电地板，可在其支撑架上按地板的尺寸敷设 M 型接地网，如用 30mm×3mm 紫铜带或 50mm^2 铜编织带做 600mm×600mm 网格。

(4) 机房内所有设备非带电金属外壳及金属龙骨踢脚板线缆线槽均可靠连接到 600mm 网格编织带上，使机房内所有设备的金属外壳形成一个等电位，机房接地系统与建筑防雷接地系统共用时电阻要求小于 1 欧姆。如图 13-15 所示。

3. IT 系统接地：
IT 系统是电源中性点不接地，多为高阻抗接地，一般为三相三线制系统或

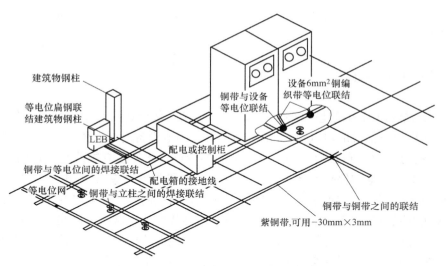

图 13-15 弱电机房等电位联结示意图

是单相隔离变压器系统，负载侧电气设备的外露可导电部分经专用的保护零线直接接地，与电源侧的接地相互独立。这种系统应用在于不间断供电要求较高的场所，民用建筑中典型场所就是医疗场所，如手术室，当发生某相接地故障时，因高阻抗接地，单相短路电流很小，手术用电设备，如吊塔及手术插座箱的电力可以继续运行，同时要求设有监测装置，相关的监测装置会报警，有关人员及时排除故障。规范出处可见《综合医院建筑设计规范》GB 51039—2014 中 8.3.5 条："在 2 类医疗场所中维持患者生命、外科手术和其他位于'患者区域'范围内的电气装置和供电的回路，均应采用医用 IT 系统"。如图 13-16 所示。

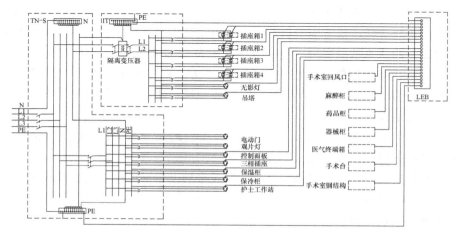

图 13-16 医院 IT 系统接地示意图

参 考 文 献

[1] 中国建筑标准设计研究院. 10D303-2~3 常用电机控制电路图（2010 年合订本）[M]. 北京：中国计划出版社，2010.

[2] 文锋. 电气二次接线识图 [M]. 北京：中国电力出版社，2000.

[3] 中国航空工业规划设计研究院. 工业与民用配电设计手册 [M]. 第 3 版. 北京：中国电力出版社，2005.

[4] 中国建筑标准设计研究院，中国纺织工业设计院. GB/T 50786—2012 建筑电气制图标准 [M]. 北京：中国建筑工业出版社，2012.

[5] 张少军. BACnet 标准与楼宇自控系统技术 [M]. 北京：机械工业出版社，2010.

[6] 金久炘，张青虎. 楼宇自控系统（第 2 版）[M]. 北京：中国建筑工业出版社，2009.

[7] 黎连业，黎恒浩，王华. 建筑弱电工程设计施工手册 [M]. 第 3 版. 北京：中国电力出版社，2010.

[8] "尊宝客房智能控制系统方案" 广州尊宝产品介绍.

[9] 郎为民，射频识别（RFID）技术原理与应用 [M]. 北京：机械工业出版社，2006.

[10] "ABB-EIB 总线产品系统方案" ABB 灯控产品及开关介绍.

[11] "Vesda 吸气式空气采样系统方案" Vesda 空气采样系统介绍.

[12] "科大立安大空间灭火系统方案" 安徽科大立安大空间灭火系统介绍.

[13] 白永生，"常见楼宇自控原理图设计思路"《建筑电气》2014 第 05 期.

[14] 白永生，"常见电气二次控制原理图设计思路"《建筑电气》2013 第 12 期.

[15] 白永生，"灯光控制系统介绍及设计思路"《建筑电气》2013 第 5 期.